実験で学ぶ 土砂災害

土木学会　地盤工学委員会
斜面工学研究小委員会

目　　次

1. はじめに（小学校，中学校で学ぶみなさんへ） ･････････････････････････････ 1
2. 家や学校の周りにひそむ土砂災害 ･････････････････････････････････････ 2
   - 2-1. 土砂災害って何？ ･･･ 3
   - 2-2. 家や学校の周りで起きた土砂災害 ･･････････････････････････････････ 14
   - 2-3. 土砂災害を防ぐために行われていること ････････････････････････････ 18
3. 模型実験で知る土砂災害 ･･･ 19
   - 3-1. がけ崩れの模型実験 ･･･ 20
   - 3-2. 地すべりの模型実験 ･･･ 26
   - 3-3. 土石流の模型実験 ･･･ 35
4. 土砂災害を予測し安全に避難するには ･･････････････････････････････････ 43
   - 4-1. 土砂災害を防ぐためには ･･･ 44
   - 4-2. 土砂災害が発生しやすいのはどんなところ？ ････････････････････････ 45
   - 4-3. 安全な避難のために ･･･ 52
5. もっと詳しく知りたい人のために ･････････････････････････････････････ 59
   - 5-1. 土砂災害ってどれくらい発生しているの？ ･････････････････････････ 60
   - 5-2. さまざまな土砂災害 ･･･ 62
   - 5-3. 過去に発生した大きな規模の災害事例 ･･････････････････････････････ 64
   - 5-4. すべりやすい粘土の見つけ方 ････････････････････････････････････ 73
   - 5-5. 地面の中の水の動き ･･･ 74
6. あとがき（大切な命を守るために） ･･･････････････････････････････････ 76

●実験動画をみたい人・模型の作り方を知りたい人

以下の URL で見ることができます。
URL：http://www.jsce.or.jp/committee/jiban/slope/book/mokei/

1）模型の実験動画
　　がけ崩れに関連する動画　（3-1）
　　地すべりに関連する動画　（3-2）
　　土石流に関連する動画　　（3-3）

2）模型の作り方
　　がけ崩れの模型の作り方
　　地すべりの模型の作り方
　　土石流の模型の作り方

本の中で右のイラストがあるところは，
上の URL で実験動画を見ることができます。

右の QR コードからでも OK です

動画があるよ！

1. はじめに

小学校，中学校で学ぶみなさんへ

　この本は，みなさんが大雨や地震で起こる土砂災害から自分の身を守るために必要なことを模型実験やイラストにより理解していただくためのものです。平成23年の東日本大震災や紀伊半島大水害では多くの人々が大切な命をおとされ，家や学校などが大きな被害を受けました。最近でも平成25年に東京都大島町や平成26年に広島市で土石流が発生し，またも大きな被害を受けました。

　現在の日本は，地震や大雨がひんぱんに起こりやすいといっていいと思います。また，火山活動も活発になってきたように思います。

　日本は山地が多いので，がけなどの斜面や谷がたくさんあります。東京のような大都市でも，山に近い場所には坂があり，がけや谷があります。そのような場所で大雨や地震にあったら，何が起こるでしょうか？

　そのようなことを考え，正しい知識をもって，もっともよい行動をとることが命を守るために必要です。

　この本を書いた人たちは，土木学会という人々が安心して豊かに暮らせる社会や国土をつくるための技術を研究しているところで，とくに斜面で起こる災害を研究している専門家の人たちです。これまでに土木学会で行った防災授業や講演会でお話した内容をみなさんの防災学習のためにまとめました。

　本書は，土砂災害の起こり方について実験を通じて学んでいただくようにつくられています。また，それを理解したうえで，土砂災害のまえぶれや土砂災害が起きたときの行動の仕方など，防災に役立つ知識をまとめています。まずは気軽に読み始めてください。そして，この本で学んだことをもとに，みなさんのまわりを一度見直してみてください。

2.

家や学校の周りに
ひそむ土砂災害

2-1. 土砂災害って何？

（1）日本の地形と地盤

主な土砂災害の種類

　大雨などによって山や住宅地にある急な斜面が崩れて、土や大きな石が水といっしょになって斜面や谷を下ってくるのが土砂災害です。土砂災害は、家や道路をこわし、人の命をうばうおそろしい災害です。

がけ崩れ

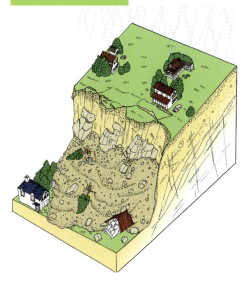

地すべり

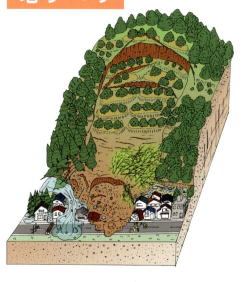

土石流

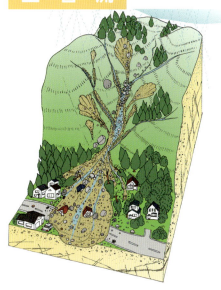

　土砂災害は、降雨、雪解け水、地震、火山ふん火、斜面の造成などにより発生します。

1）日本は山が多い

　日本は，国土の3分の2が山地です（下図）。街と山が近いので土砂災害が起こりやすい環境にあります。

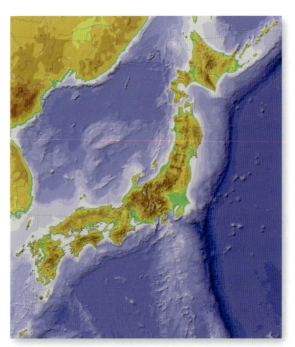

■—日本の地形（黄色～茶色が山地，黄緑が平地を示します）

2）日本の山は急

　日本の河川の傾斜は世界の河川よりも急になっていることが，下の図からわかります。河川の傾斜が急なところは，地形（山）も急になります。

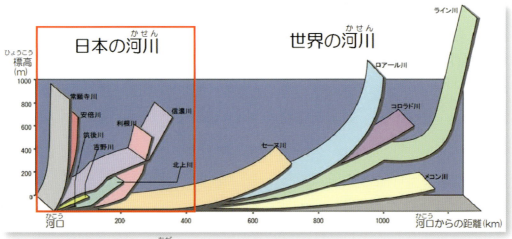

■—日本と世界の河川の違い（日本の地形は傾斜が急）

地形とは...

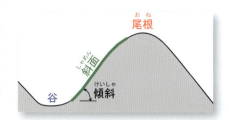

地形は、地表の凹凸のことです。山の連なりを「尾根」、逆にへこみの連なりを「谷」といい、左の図のように、その間の傾いた地表面を「斜面」といいます。

■—上空から撮影した地形

■—地形図

3）日本の山はもろい

　日本列島の多くは、海の底にたまった地層でできています。それらの地層が地殻変動という現象により、何千万年前からゆっくり時間をかけて隆起し、地上に現れました。長年の隆起でできたのが、今の日本列島の形です。この変動による強い力を受け、山の岩石は下図のようにわれ目がたくさんできています。さらに、風化やしん食の影響もあり、山の斜面はもろく崩れやすくなっています。

よく見ると、岩石にわれ目がたくさんできています。

下の図は，日本とヨーロッパの地質を色分けして比べたものです。ヨーロッパは少ない色で広く塗りつぶされているのに対し、日本はいろんな色が細かく複雑に塗られています。日本の方が，ヨーロッパに比べて地質が複雑であることが分かります。

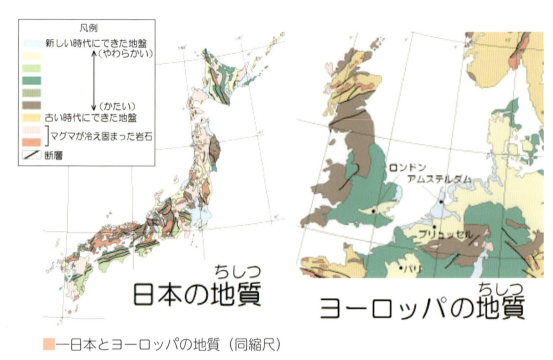

■―日本とヨーロッパの地質（同縮尺）

地質とは...

　私たちが踏みしめている大地の性質・状態・種類のことを地質といいます。大地は，岩石や土などでできていますが，時代やでき方などによって性質は大きく変わります。地質によって地盤の特ちょうが異なるので，かたい地盤なのか，やわらかい地盤なのかが分かったりします。地質は，上の図のように色分けして表現され，これを地質図といいます。なお，地面の中を掘ると，写真のように土や岩石が層になって何枚も積み重なっていたりします。これを地層といいます。

■―地層の写真

（2）日本の気象と地震

１）日本は雨が多い

　土砂災害を引き起こす原因のひとつに雨があります。強い雨ほどがけ崩れや地すべり，土石流が発生しやすくなります。強い雨が降る梅雨時期や台風シーズン（6～10月）は特に注意が必要です。また，この時期は，とつぜん降る集中ごう雨もありますので，外の雲行きや雨の強さを見るなどして，自主的に避難するなどの判断も必要になります。

■—2004年の日本付近で発生した台風の進路（図の中央が日本）

その地域で最大級の強い雨が降っている場合，斜面が崩れる可能性は非常に高くなります。

２）日本は地震が多い

　土砂災害を引き起こす原因は，雨だけではなく地震もあります。日本はとても地震の多い国です（左下図）。中～大規模地震（マグニチュード6以上）は，世界の約2割が日本で発生しています（右下図）。日本の山はもろいので，地震が起こると，がけ崩れや地すべりが発生する可能性があります。

■—中～大規模地震（マグニチュード6以上）の回数（2003～2013年）

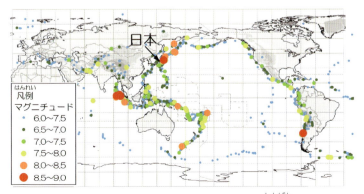

■—世界の中～大規模地震（マグニチュード6以上）の震源位置（2003～2013年）

（3）土砂災害の種類

土砂災害の種類は，主に1）がけ崩れ，2）地すべり，3）土石流の3つがあります。

1）がけ崩れ

急な斜面が大雨や地震で崩れ落ちます。崩れた土砂は斜面の高さの2倍くらいの距離までとどくことがあります。とつぜん起きるため，家の近くで起きると逃げ遅れる人も多く，被害を及ぼすことが多いです。日本で最も多いのがこのような土砂災害です。また，近ごろ強い雨が多くなってきているので，さらに危険性が高まっています。

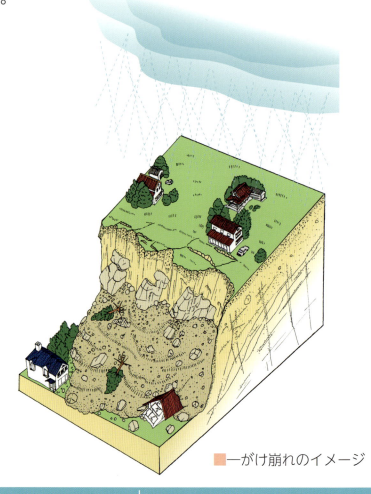

■―がけ崩れのイメージ

危険なところ	がけ崩れが発生すると
・斜面の傾斜が急 ・地盤が悪い （岩にわれ目が多い。土のようになっているなど） ・がけのすぐ近くに家があるところ	・家がこわれる ・住んでいる人がケガをしたり，時には死亡する ・道路が通行できなくなる ・電気などが止まる

土砂災害って,こわいね!
ぼくの家は大丈夫かなあ?

■―民家をおそったがけ崩れの様子

■―家の裏にあるがけ

2）地すべり

　斜面の一部が広い範囲（幅1kmをこえるものもある）にわたって動き出す現象です。がけ崩れに比べて規模が大きく、傾斜が緩くても動き出すのが特ちょうです（動きは遅いですが、とつぜん一気に数メートル動くこともあります）。一般的に広い範囲にわたって地面が変動するため、大きな被害となります。わが国は、梅雨や台風によるごう雨、雪解け水などにより、毎年各地で地すべりが発生しています。

■―地すべりのイメージ

危険なところ	地すべりが発生すると
・過去に地すべりが発生した ・地盤の中にすべりやすい地層（粘土）ができやすい ・地すべりの斜面に近い家（地すべりの上に建っている家も危険） ・地すべりの斜面に接する川の下流	・家がこわれる ・住んでいる人がケガをしたり、時には死亡する ・道路が通行できなくなる ・川がせき止められる ・電気などが止まる

■―住宅地をおそった地すべり

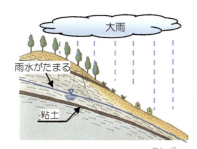

■―地すべりの現象（粘土はとても弱い地層です）
※くわしくは「3-2. 地すべりの模型実験」（26ページ～）を見てください

■―地すべりの上に建つ家

3）土石流

　山から崩れてきた土や石，木が水といっしょに流れ下っていきます。谷をけずりながら木をたおし，谷の出口から広がって町をおそいます。その流れの速さは場所によって異なりますが，時速20～40kmという速度で一瞬のうちに家や畑などを壊滅させてしまいます。

■―土石流のイメージ

危険なところ	土石流が発生すると
・過去に土石流が発生した記録や言い伝えがある ・谷の傾斜が急で，倒木や土砂がたい積している ・谷の出口に家があるところ	・家がこわれる ・住んでいる人がケガをしたり，時には死亡する ・道路が通行できなくなる ・電気などが止まる

土石流は、土や石がものすごいスピードで流れてきて、家をこわすんだね。

■―住宅地をおそった土石流

■―土石流が流れてくる様子

■―土石流の被害

土砂災害ってどのくらい発生しているの？

「5-1. 土砂災害ってどのくらい発生しているの？」で説明します。

2-2. 家や学校の周りで起きた土砂災害

（1）土砂災害の例

がけ崩れによる災害

■―家の裏のがけ崩れ

> 崩れた土が当たって家がこわれています。

■―がけが崩れたあとの斜面

■―道路沿いのがけ崩れ

> 柵（さく）があっても必ずしも安全とは言えません。

■―鉄道沿いのがけ崩れ

　自宅の裏や通学路，買物道路など日頃（ひごろ）の生活の中で多くの土砂災害が発生しています。

　特に大雨や地震の時には注意が必要です。

地すべり災害

■一宅地で起こった地すべり

地面が移動し，家が流されています。

地面が移動し，家がゆがんでいます。

■一地面の移動による家屋の被害

道路が流され，通れなくなっています。

■一道路で起こった地すべり

土石流災害

がけ崩れが発生すると、崩れた土砂は大量の水といっしょになって高速で流れ下っていきます。

がけ崩れ発生

土石流が通った跡
■一土石流を上空から撮影

えん堤の破壊

流れ下る土砂の固まりは、谷にたまった土や石、通り道にある木を巻き込んで、どんどん大きくなります。時にはえん堤を破壊するほどの力を持つ土石流になることがあります。

土砂の直げきを受けた建物は大きな被害を受け、さらに土石流の被害は広い範囲に広がります。

建物被害

（2）近所のかん板や標識を知っておく

　自宅や学校，通学路や遊び場の周りに土砂災害の危険性がないか，日頃から注意しておくことは，いざというときに役に立ちます。

　かん板や標識が設置してある区域は，以前にそこで土砂災害が起こったことがある場所や危険性があることを知らせています。危険区域だけでなくその近くの所も注意します。

- 急傾斜地崩壊（がけ崩れ）危険箇所
  全国で約33万ヶ所（平成14年度時点）
- 地すべり危険箇所
  全国で約1万ヶ所（平成10年度時点）
- 土石流危険渓流
  全国で約18万渓流（平成14年度時点）

■―急傾斜地崩壊（がけ崩れ）危険箇所の標識例

（3）ハザードマップ

　自分たちが住んでいる地域の土砂災害ハザードマップを調べてみましょう。

　がけ崩れや土石流が発生しやすい場所はどこで，どのくらいの範囲か，またそのときの被害がどれくらいになるかを予測した地図です。そこには避難する場合の道すじや避難場所が地図上に示してあります。避難について，くわしくは「4-3.安全な避難のために」を参考にしてください。

　土砂災害ハザードマップ以外にも，洪水や浸水，高潮，津波，火山ハザードマップなどがあります。住んでいる所にはどのようなハザードマップがあるか調べておきましょう。いざというとき身を守るのは自分自身です。なお，ハザードマップの入手方法については，お住いの市区町村にお問い合わせください。

■―土砂災害ハザードマップ

危険な斜面や谷について，くわしくは「4-2.土砂災害が発生しやすいのはどんなところ？」で勉強しましょう。

2-3. 土砂災害を防ぐために行われていること

土砂災害を防ぐため，さまざまな対策が行われています。対策のくわしいしくみや目的は「3.模型実験で知る土砂災害」でも説明します。

がけ崩れ対策

がけをコンクリートで固めたり，落ちてきた土砂を受けとめる柵を作ります（のり枠工やよう壁工といいます）。また，地面の中に鉄の棒やワイヤーを入れて，崩れにくくする方法も行われています（アンカー工や地山補強土工といいます）。

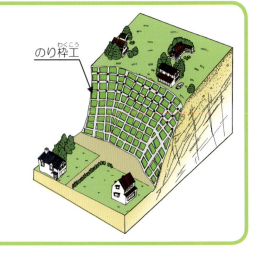

地すべり対策

地面の中の水をできるだけ早く取りのぞく方法（排水ボーリング工，排水トンネル工，集水井工といいます）や，地面がすべり出さないようくい止める方法（アンカー工，杭工といいます）が行われています。

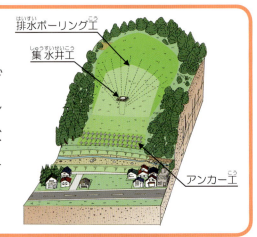

土石流対策

土砂をせき止める方法（砂防えん堤といいます），土砂をスムーズに流す方法（流路工）などが行われています。

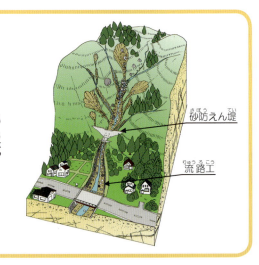

3.

模型実験で知る土砂災害

3-1. がけ崩れの模型実験

（1）がけ崩れの模型実験

　8ページでがけ崩れの説明をしました。ここでは模型を使って、がけ崩れがどうして起きるのか？　どう防ぐのか？　を学んでいきます。

1）がけ崩れ模型の表現方法

イラストは，がけ崩れが発生したときの様子です。
イラストの地形を赤線で切ってみましょう。

なるほど
地盤を切って
考えるのですね。

イラストの番号と切り口の番号が対応します。
点線は崩れる前の地形です。

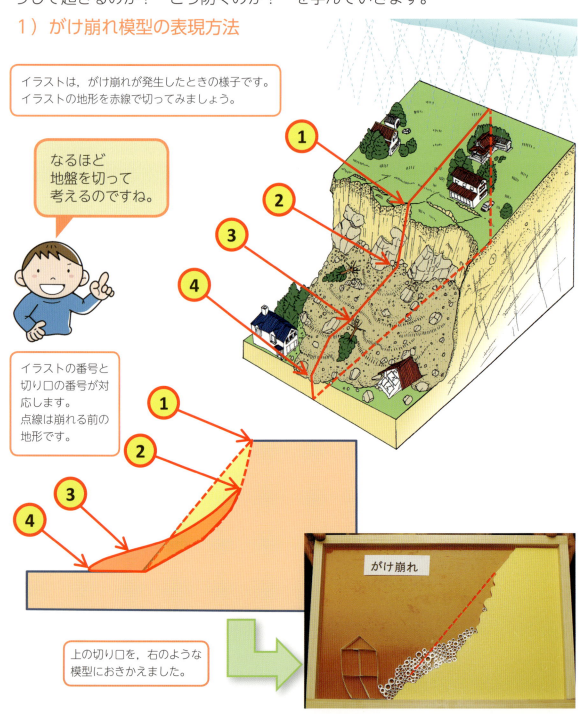

上の切り口を，右のような模型におきかえました。

2) 模型の作り方

ナットで「土」や「われ目のある岩」を表現

3-1. がけ崩れ模型の詳しい作り方は右のQRコードから見て下さいね。

緑はわれ目の少ない岩

「われ目のある岩」の様子

3) 実験方法

模型を立てかけます。

このときは，重力がないのでナットは動きません。

模型をたてると，重力がはたらいてナットが動き出します。

4) 実験結果

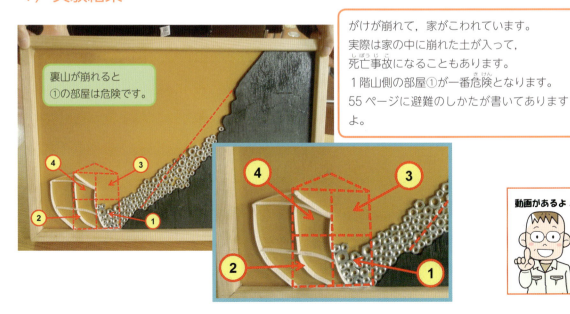

裏山が崩れると①の部屋は危険です。

がけが崩れて，家がこわれています。実際は家の中に崩れた土が入って，死亡事故になることもあります。
１階山側の部屋①が一番危険となります。
55ページに避難のしかたが書いてありますよ。

動画があるよ！

どのように崩れたのか，観察してみましょう！

最初に，赤いナットが落下しました。
その後，青色・黄色の順で落下しました。

よく観察しましたね。
斜面の中で，崩れやすいところが最初に崩れます。
それがきっかけになって，大きな崩れになることがありますよ。

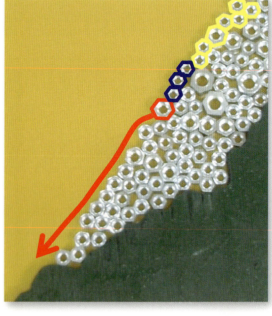

先生，今まで崩れていないのに，突然崩れることがありますね。それはなぜでしょうか？

よい質問ですね。
実験したナットは，バラバラでしたね。
最初はもっと大きなかたまりだったとしましょう。
ちょうど右写真の赤線で囲まれた大きさだと思って下さい。
雨が地盤にしみこんだり，木の根が入ってくると，だんだんわれ目が開いてきます。
そのため，だんだん岩のかたまりが小さくなって，最後にはナットの集まりのようになってしまいます。
ナットのようにバラバラになると，崩れやすいですね。49ページで崩れやすくなる理由を説明していますよ。

ということは，今まで崩れていなかったとしても安全じゃないんですね！

そうです。
崩れていないからこそ，注意が必要になるのです。

（2）がけ崩れを防ぐ模型実験（のり枠工）

　右写真のコンクリートでできたワッフルのようなものを見たことがありますか？
　これが，のり枠工と呼ばれるものです。
　斜面をコンクリートのワッフルでおおうことで，斜面の表面が崩れるのを防ぎます。

のり枠工みたことある！

1）模型の作り方

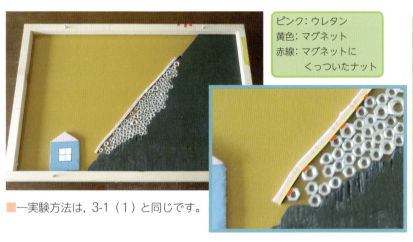

ピンク：ウレタン
黄色：マグネット
赤線：マグネットに
　　　くっついたナット

模型実験では，のり枠工を次のようにモデル化しました。
ピンクのウレタンの下にマグネットシールをはり付けます。
マグネットの磁力で，下のナットがくっつきます。
これでのり枠工が下の地盤を一体化している状態をモデル化しました。

■―実験方法は，3-1（1）と同じです。

2）実験結果

青破線：最初の，のり枠工の位置。
赤破線：模型を立てた直後の位置。
ピンク：模型を完全に立てたときの位置。
だんだん家側に移動して，最後はのり枠工が下側にずれてしまいました。

ナットの部分を浅くして実験しました。崩れる範囲が浅い場合は，のり枠工で崩れを防ぐことができます。ですから崩れる範囲を調べることが重要になります。

動画があるよ！

（3）がけ崩れを防ぐ模型実験（のり枠工＋鉄の棒）

　右写真の枠の中心に，飛び出したところがありますね。ここに長さ3mの鉄の棒が地盤につきさしてあります。
　このように，地盤の中に鉄の棒をつきさすと，山は崩れにくくなります。
　どうして崩れにくくなるのかを，実験してみましょう。

1）模型の作り方

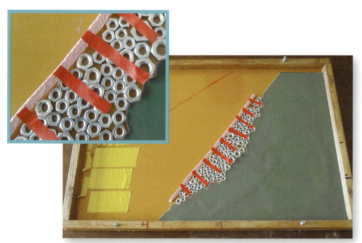

ピンク：ウレタン（のり枠工）
赤線　：ガムテープ（鉄の棒）
ガムテープは，地盤の中に接着剤で固定された鉄の棒をモデル化しています。

地盤の中に鉄の棒を入れるときは，棒より大きな孔を開けます。その孔に，鉄の棒をつきさし，すきまにセメントミルクという接着剤を入れます。鉄の棒と地盤がくっつくので，ちょうどガムテープのようになります。

■一実験方法は，3-1（1）と同じです。

2）実験結果

ガムテープで崩れなくなるのですね

動画があるよ！

模型を立てても崩れません。21ページの実験では崩れましたね。今度はだいじょうぶでした。なぜでしょうか？
赤いガムテープにくっついたナットは，動きにくくなります。このとき，ガムテープとガムテープの間のナットも動きにくくなるのです。そのため，ナット部分の全体が，一つのかたまりのようになります。
ナットは，われ目のある岩をモデル化したものでしたね。21ページの実験では，バラバラのナットだったので崩れました。ガムテープがあることで，バラバラのナットがかたまりになったので，崩れなくなったのです。

（4）がけ崩れを防ぐ模型実験（アンカー工法）

　右写真の白い十字の板は，じょうぶなコンクリートでできています。板のまん中から，地盤の中に長さ20mくらいの鉄のワイヤーが入っています。このような方法を，アンカー工法とよびます。十字の板と鉄のワイヤーで，がけ崩れを防ぐことができるのは，なぜでしょうか？　どうしてなのか，実験してみましょう。

1）模型の作り方

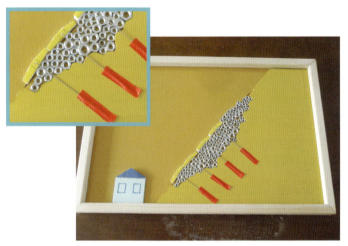

黄　色：ウレタン板（コンクリート板）
白い棒：針金（鉄のワイヤー）
赤線　：針金をガムテープで固定
前の実験では，動かない地盤は緑色でしたが，アンカーを見やすくするために黄色にしています。

地盤の中に孔をあけます。この孔は，鉄のワイヤーの太さより，大きくします。その孔に鉄のワイヤーを入れて，すきまにセメントミルクという接着剤を入れます。これで鉄のワイヤーと地盤がくっつくのです。ちょうど写真の赤いガムテープのところです。
鉄のワイヤーは針金でモデル化しています。針金は黄色の板に固定してあります。

■―実験方法は，3-1（1）と同じです。

2）実験結果

模型を立てると，ナットが崩れようとします。
崩れるときは，黄色い板が家の方向に移動します。
黄色い板には，針金が固定されています。その針金は，赤いガムテープで動かない地盤に止めています。ですから，黄色い板は動くことができません。
このようにして，山が崩れるのを防ぐのです。
「のり枠工＋鉄の棒」は，ナットをひとかたまりにすることでナットを動かなくしましたが，アンカー工法は，黄色い板を動かなくすることで，崩れるのを防いでいるのです。

アンカー工法が崩れを防いでいるのですね！

3-2. 地すべりの模型実験

（1）地すべりの模型実験

10ページで地すべりの説明をしました。
ここでは模型を使って、地すべりがどうして起きるのか？ どう防ぐのか？を学んでいきます。

1）地すべり模型の表現方法

イラストは地すべりが発生したときの様子です。
イラストの地形を赤線で切ってみましょう。

なるほど
地盤を切って
考えるのですね。

イラストの番号と切り口の番号が対応します。
点線は崩れる前の地形です。

上の切り口を，右のような模型におきかえました。

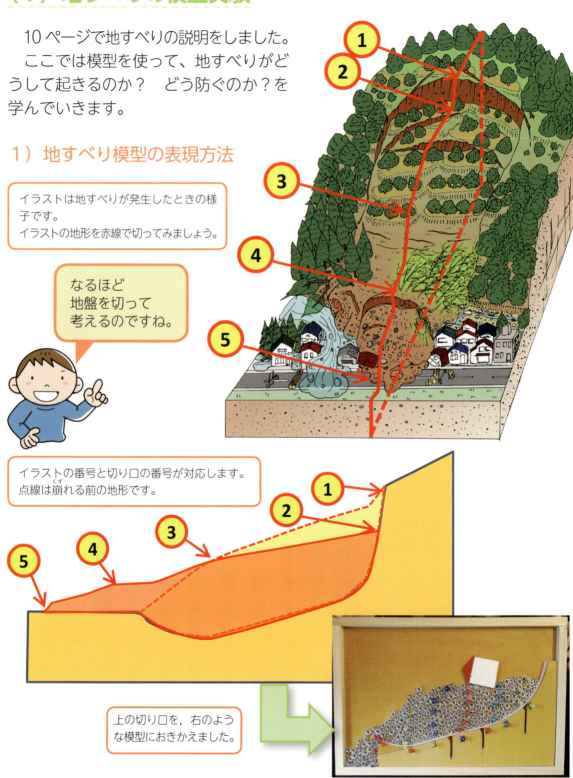

2）模型の作り方

地すべり模型の詳しい作り方は右の QR コードから見て下さいね。

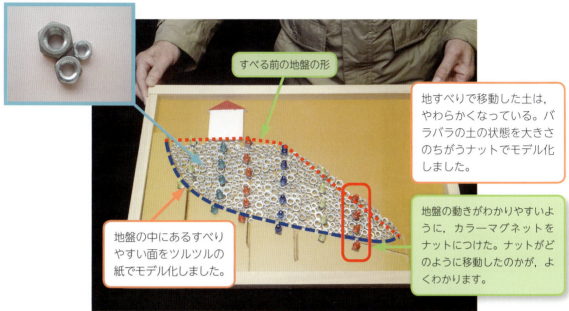

- すべる前の地盤の形
- 地すべりで移動した土は、やわらかくなっている。バラバラの土の状態を大きさのちがうナットでモデル化しました。
- 地盤の中にあるすべりやすい面をツルツルの紙でモデル化しました。
- 地盤の動きがわかりやすいように、カラーマグネットをナットにつけた。ナットがどのように移動したのかが、よくわかります。

- マグネットの写真です。ナットは鉄でできているので、マグネットでくっつきます。
- 上の写真のツルツルの紙の写真です。いろいろな材料でためしてみるといいですよ。

3）実験方法

模型を立てかける。

- このときは、重力がないのでナットは動きません。
- 模型をたてると、重力がはたらいてナットが動き出します。

27

4）実験結果

右の写真が，模型を立てた後の状態です。
地盤の形が，赤色の線から黄色の線になりました。家の場所では，地盤が下がっています。斜面の下側は，地盤が前に出てきています。最初は，まっすぐだったナットが，ツルツルの紙の場所でずれています。そのずれの大きさを，赤い矢印で示しました。地すべりは，ツルツルの紙の部分で，すべっていることがわかります。

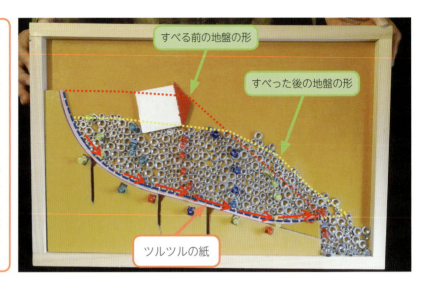

右の写真は，ツルツルの紙を取って，同じ実験をしたものです。
上の写真の赤矢印のような，ツルツルの紙の場所でずれる動きはなくなりました。
マグネットの動きから，黄色の範囲のナットが，矢印の方向に移動していることがわかります。
斜面が急になっているところが，動いているのです。
ツルツルの紙があるかどうかで，ナットの動きが変わるところがおもしろいですね。

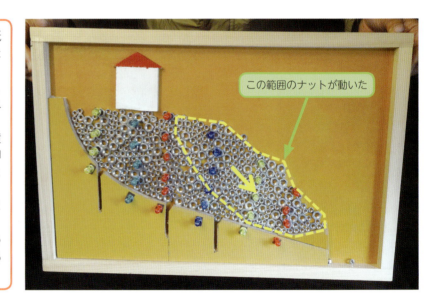

ツルツルの紙って，どうやって見つけるのかしら？地盤の中なので，見つけるが大変だと思います。

73ページで説明しますよ！

（2）雨と地すべりの関係を説明する実験

テレビのニュースで「明日は大雨が予想されます。がけ崩れや地すべりに注意して下さい。」というアナウンスを聞いたことがあると思います。ここでは雨が降ると山が崩れやすくなる理由について，模型実験を使って勉強します。

1）模型の作り方

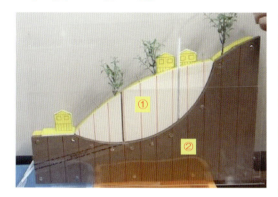

26ページでは地すべりで移動するところを，ナットで表現しました。
今度は，雨が降った時の動きをわかりやすく表現するために，バスマット（白）でモデル化します。
左図の茶色②は動かない地盤。
白色①は動く地盤で，いずれもバスマットで作っています。バスマットはアクリル板ではさみこんでいます。
白色①の動く地盤の底まで管がつきさしてあり，管に水を入れると，動く地盤①の中に水がたまるようになっています。
動かない地盤②は水の通りが悪いため，①の部分にたまっていくのです。
また，斜面の上側と下側には家を配置しています。

2）実験方法と実験結果

管に色水を注ぎます。
茶色地盤の船底形の部分に，水がだんだんたまっていきます。
水面が高くなってくると，とつぜん地盤が動き出します。

左写真は，動いた後の状態です。
赤矢印のように白色地盤が移動しました。
下側の家は白色地盤に押されて移動し，上側の家は傾きました。

3）理由を考えてみよう

赤線がすべる面になります。このすべり面を，公園のすべり台だと思って下さい。
すべる土を10個に分けました。①から⑩の土を，10人のお友だちだと思って下さい。赤いすべり台の上に，イラストのように10人の友だちがならんでいます。

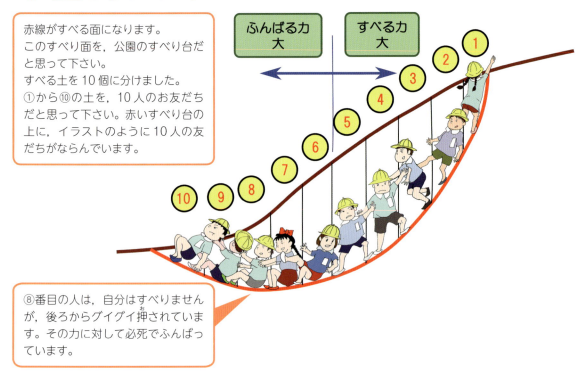

⑧番目の人は，自分はすべませんが，後ろからグイグイ押されています。その力に対して必死でふんばっています。

全員の「すべる力」と「ふんばる力」を合計します。ふだんは「ふんばる力」が「すべる力」より大きいので山はすべりません。

この図は，雨が降って地盤の中に水がたまってきたときの様子です。

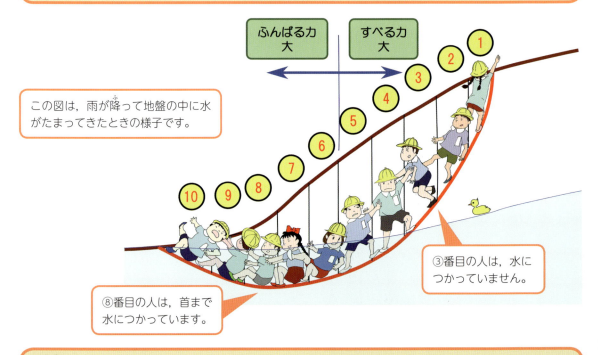

③番目の人は，水につかっていません。

⑧番目の人は，首まで水につかっています。

お風呂に入ったときを思い出して下さい。体重が軽くなりますね。
体重が軽くなると，ふんばる力が小さくなります。
「ふんばる力」が小さくなると，「すべる力」にたえ切れなくなり，山がすべってしまうのです。

（3）地すべりを防ぐ模型実験（排水ボーリング）

　右写真の赤丸の孔は，コンクリートの壁の裏側にたまる水をぬく孔です。

　青丸の孔は，山の奥までつきさしてあります。これは地盤の中にたまる水をぬく孔です。この孔をあける工事のことを，排水ボーリングと呼んでいます。

山の奥まで孔を開けて，地盤にたまる水を抜く孔

コンクリートの壁の後ろにたまる水を抜く孔

1）模型の作り方

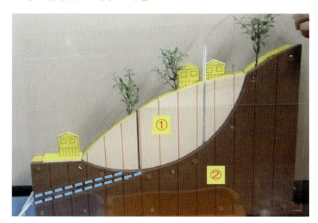

左写真は，先ほどの模型ですが，青線に管が入っています。管は動く地盤①と，動かない地盤②の境界にとどいています。
この管が，「排水ボーリング」をモデル化したものです。
雨が降って地盤の中に水がたまると，この管から水が出てきます。
排水ボーリングは，山の中に水がたまりにくくするように，地盤の中に孔をあけたものです。管の先をせんたくバサミで閉じると，管から水が出なくなります。

2）実験方法と実験結果

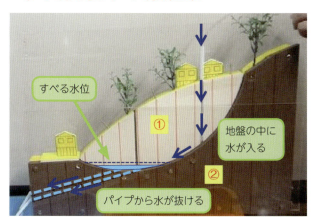

すべる水位

地盤の中に水が入る

パイプから水が抜ける

排水ボーリングがないときは，水がたまっていって山が崩れました。排水ボーリングがあると，地盤①にたまる水が，パイプから外に出ます。その結果，すべる水の高さまで地下水が上りません。この場合，山は動きません。
しかし強い雨が長く続き，パイプから出る量よりも山の中にたまる量が大きくなると，水がたまっていきます。そんなときは，たくさんパイプを設置しなければなりません。
また，排水ボーリングを行っても，うまく水がでるとは限りません。孔をあける場所を決めるには，技術者の経験が大事になります。

私の家のうらに，わき水があるの。排水ボーリングがしてあるのかな？

わき水は自然にできた水の通る道ですよ。58ページで説明していますよ！

動画があるよ！

（4）地すべりを防ぐ模型実験（押え盛土工法）

右図は，地すべりの上側の土を取りのぞき，その土をすべる斜面の下側に運び，盛土した様子です。

すべる斜面の下側に土を置く方法を，押え盛土工法とよびます。

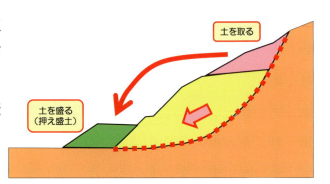

1）模型の作り方

青色は押え盛土をモデル化したものです。３つのブロックを重ねて置いたものです。ちょうど，斜面下側のすべり出してくるところに置いています。

2）実験方法と実験結果

この状態で水を流します。
すると，白い地盤が動かなくなりました。いったい何がおこったのでしょう。
それを右の図で解説します。
押え盛土は緑色になります。
⑧番目の人の上に土を盛っていることになります。
思い出して下さい。⑧番目の人は必死でふんばっている人でしたね。
ふんばる人の体重を増やしたので，ふんばる力が大きくなってすべらなくなるのです。

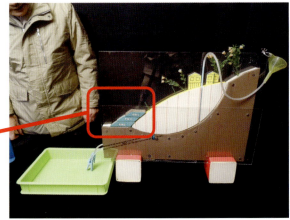

では，３番目の人はすべる力の強い人でしたね。この人の体重を軽くしても，すべらなくなります。
この方法を，排土工法とよびます。
右上のイラストのように，すべる人の体重を減らして，ふんばる人の体重を増やすことが，地すべり対策では，よく使われます。

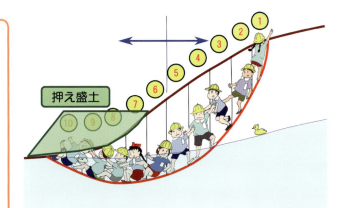

（5）地すべりを防ぐ模型実験（杭工法）

　右図のように，鉄のパイプを地盤に入れて，地すべりで動く地盤と動かない地盤をくしざしにします。

　地すべりにより地盤が動くと，杭は地盤の中で曲がります。杭が曲がるとすべりに抵抗する力が生まれ，地すべりを止めます。このような方法を杭工法とよびます。

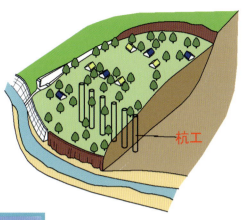

1）模型の作り方

> 右写真の茶色が動かない地盤，白が動く地盤です。赤い棒はストローで，杭をモデル化したものです。
> ストローを茶色の地盤までさします。
> 実際の杭は，直径30～50cmの鉄のパイプです。

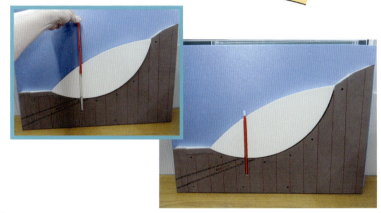

2）実験方法と実験結果

> 対策がない状態です。重りがないのですべりません。

> 重りをのせると，こんな形ですべります。

> 杭があると，同じ重りをのせてもすべりません。

> 右写真は，ストローが曲がっているようすです。
> 白い地盤が動くので，茶色と白色のところでストローが曲がっています。
> 実際は，杭にかかる力を計算して，杭が曲がらないような大きさにします。

> 鉄のパイプが地盤の中に入っているのですね！

（6）地すべりを防ぐ模型実験（アンカー工法）

　右イラストの十字の板の中心に，長さ20m位のじょうぶな鉄のワイヤーが入っています。

　この鉄のワイヤーは，山の奥側の動かない地盤に，接着剤で固定してあります。

　地すべりが動くと，地盤が前に移動します。そのとき十字の板も前にでます。ところが十字の板はアンカーで固定されているので，動くことができません。このような方法をアンカー工法と呼びます。

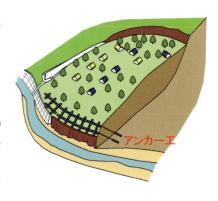

1）模型の作り方

ピンク：ウレタン板（コンクリート板）
白い棒：針金（鉄のワイヤー）
黄線　：針金をガムテープで固定

地盤の中に鉄のワイヤーを入れるときは，鉄のワイヤーの太さより大きな孔を開けます。
その孔に鉄のワイヤー入れて，すき間にセメントミルクという接着剤を入れます。鉄のワイヤーと地盤がくっつくのです。
ガムテープの部分では，針金が茶色の動かない地盤にくっついています。

2）実験方法と実験結果

ピンクの板は針金で固定してあります。針金は茶色の動かない地盤にガムテープ（黄色）で固定されています。この状態で，重りをのせます。ピンクの板は前に出ようとしますが，針金が固定されているので動くことができません。

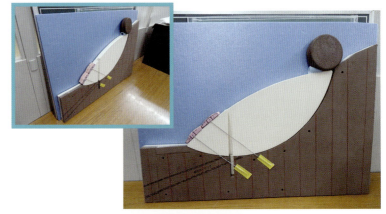

3）工事完成後の写真

右写真の十字の板が，実験のピンクの板です。
十字の板の中心から，地盤に向かって20m〜30mの鉄のワイヤーが入っています。アンカー工法が，道路を守ってくれています。

アンカー工法見たことある！

3-3. 土石流の模型実験

　12ページで土石流の説明をしました。土石流が発生したとき，人や建物に被害が発生するのを防ぐ施設を砂防えん堤（または治山えん堤）といいます。下のイラストは，砂防えん堤がないときと，あるときを並べたものです。下の写真は，土石流の実験装置になります。イラストの①②③の場所と，実験装置の①②③の場所が，同じだと思ってください。

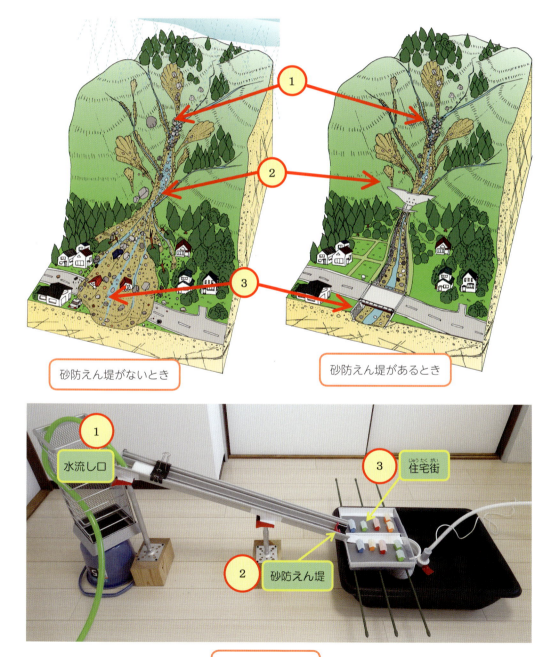

砂防えん堤がないとき　　砂防えん堤があるとき

土石流の実験装置

（1）模型実験の作り方

ここでは簡単に土石流模型実験の作り方を写真で説明します。

詳しい作り方は，右のQRコードから見て下さい。

作ってみたい

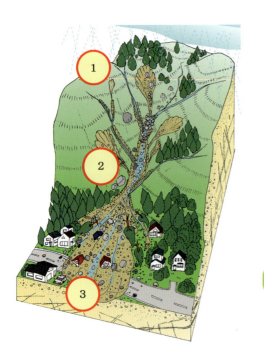

①付近
- (b)スポンジ
- (g)仕切り板
- (d)メッシュ材
- (e)クリップ
- (c)ゴム材A

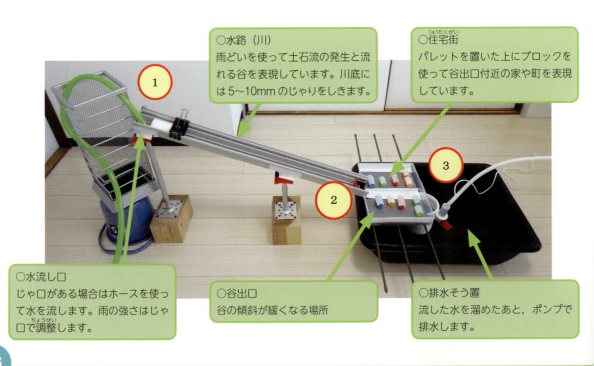

①
○水流し口
じゃ口がある場合はホースを使って水を流します。雨の強さはじゃ口で調整します。

○水路（川）
雨どいを使って土石流の発生と流れる谷を表現しています。川底には5～10mmのじゃりをしきます。

②
○谷出口
谷の傾斜が緩くなる場所

③
○住宅街
パレットを置いた上にブロックを使って谷出口付近の家や町を表現しています。

○排水そう置
流した水を溜めたあと，ポンプで排水します。

②付近

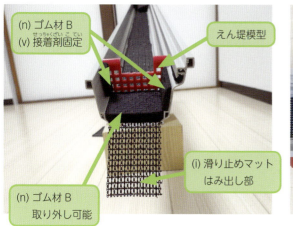
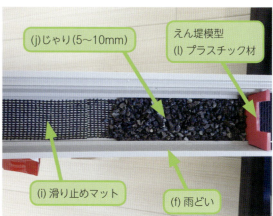

③付近

雨どいで川が表現できるのですね！

③付近（家）

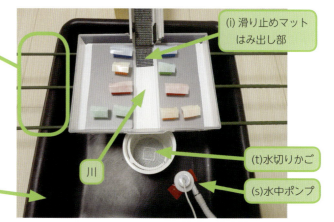

（2）土石流の模型実験（砂防えん堤がない場合）

1）実験方法

土石流の模型実験は次の手順で行います。

（ア）　水流し口から水を流します。最初は水の量を少なくして流します。

（イ）　水路（川）に水が流れ込んでも(j) じゃりが動き出さない場合は，流す水の量を少しずつ増やしていきます。

（ウ）　水の量を増やすにつれて，徐々に(j) じゃりが動き出します。

（エ）　(j) じゃりの動きが大きくなってきたら，流す水の量を一気に増やしてみましょう。

　　　※水路から水があふれ出ないように注意しましょう。

（オ）　(j) じゃりが一気に流れだし，住宅街に氾濫します。

（カ）　住宅街に氾濫した(j) じゃりが止まったら，流す水を止めます（実験終了）。

（キ）　もう一度実験を行う場合は，散らかった(j) じゃりを片付けて，実験前の状態に戻します。

2）実験中に観察すること

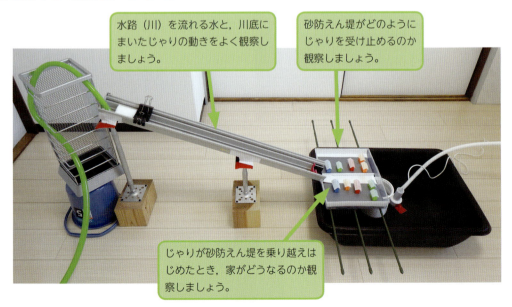

実験する前に観察することを整理しておきましょうね。

先生、わかりました。ノートに書いておきます。

3）実験結果

水流し口からの水の量を増やす。

流れる水の量が多いとき
⇒土石流が発生し，水路（川）を乗りこえてじゃりが氾濫します。

流れる水の量が少ないとき⇒氾濫なし。

谷出口（川）に土石流が溜まって土砂や水が住宅街に氾濫します。

氾濫状況

土石流が家に直撃したとき，家の中にいても死亡事故になることがあります。

動画があるよ！

4）実験からわかること

　雨のふり方が弱いとき（川を流れてくる水の量が少ないとき）は，土石流は発生しません。しかし，雨のふり方が強くなると（水の量が増えると）土石流が発生しやすくなります。

　実験でもわかったように，じゃりが動きだすと，一気に下流へ流れていきます。そのままの勢いで家や住宅街をおそい，あっという間に家は被害を受けます。実験では上から見ている（空から見ているようなもの）ので，じゃりが動きだしたときのことはすぐにわかりますが，実際に住宅にいると，川の上流で起こっていることはまったくわかりません。そのため，強い雨が降ってきたり，川の水が増えてきたら，谷の出口からはなれる方へ逃げることが大事です。でも，川の水の量を確かめたいからといって，大雨の中，川に近づくことは絶対にしてはいけませんよ。

被害をうけない家

被害をうける家

（3）土石流の被害を防ぐ模型実験（砂防えん堤がある場合）

右写真のようなコンクリートで作られた砂防えん堤を見たことがありますか？
砂防えん堤は，大雨のときに土石流が発生しても大きな石や土砂を下流に流れ出ないようにして，家や町が被害にあわないようにする施設です。

1）模型の作り方

谷出口に砂防えん堤の模型（プラスチック製）を設置します。

2）実験方法は，38ページの実験方法と同じです。

3）実験結果

水流し口からの水の量を増やしていくと川底のじゃりが土石流となって，下流へ流れ出します。しかし，砂防えん堤が土石流をくいとめるため，氾濫はおこりません。
ただし，大雨の時には予想以上の大きな土石流が発生することがあります。その場合には，土石流が砂防えん堤を乗り越え，家や町に被害が起こることもあります。そのため，警戒避難情報が発令された場合には，たとえ砂防えん堤があっても，谷の出口からはなれた，安全な場所に避難する必要があります。

動画があるよ！

トピックス 1 ● 流木をうけとめる砂防えん堤

右写真のような施設も砂防えん堤とよばれます。この砂防えん堤は水の流れる真ん中の部分があいているので、水や小石などをためることなく下流に流すことができます。そのため、流木をつかまえることが得意です。

1）模型の作り方

谷出口に砂防えん堤の模型を設置します。（メッシュ状のプラスチックかごを切って取り付けます。）

土石流が発生しない（ふつうの雨）場合、流れてくる水はすき間を抜けて下流に流れます。

ようじを使って流木にします。

流木なし　　　　　　　　　　　　　　流木あり

2）実験方法は、38ページの実験方法と同じです。

3）実験結果

流木あり

流木あり

まえの実験結果と同じく、砂防えん堤が土石流をくいとめるため、氾濫は起こりません。すき間のない砂防えん堤と違う点は、下流へ水が流れるとき、すき間を通り抜けていることです。そのため、すき間のない砂防えん堤の上側では水たまりができますが、すき間のある砂防えん堤では水たまりができません。流木は水に浮いて運ばれるので、水たまりがあると流木は浮いたまま下流へ流れだすことがありますが、水たまりがないと砂防えん堤を乗り越えにくくなります。そのため、すき間のある砂防えん堤は流木をつかまえることができるのです。ただし、土石流や流木の一部が下流に流れだす危険性があることは覚えておきましょう。

動画があるよ！

トピックス2 ●土砂をためることで安全にする効果もあります

実験では土砂をためる効果を確かめました。

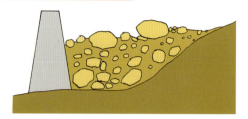

砂防えん堤は，大雨のときに土石流が発生しても下流に流れでないようにして，家や町が被害にあうのを防いでいます。

土砂をためることで下の図の効果もあります。

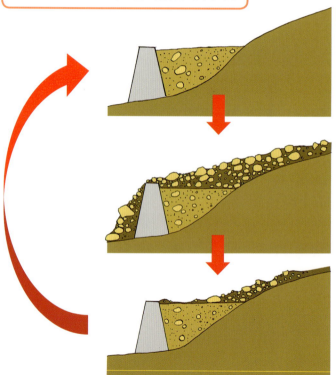

砂防えん堤の上流に土砂がたまることで，川底の傾斜がゆるやかになります。そのため，ふたたび土石流が発生しても流れでるスピード（力）が弱まり，たとえ下流にあふれたとしても，その勢いを弱めてくれます。

あふれるぐらい土砂がたまっても，ふだんの雨でゆっくりと下流へ流れていくので，氾濫することはありません。やがてあふれる土砂がなくなり，上のイラストの状態にもどります。

砂防えん堤をたくさんつくると，土石流の勢いが小さくなります。それによって，谷をけずり，木をたおす力が弱まるため，流れ下る途中にまきこむ土や石の量が少なくなります。

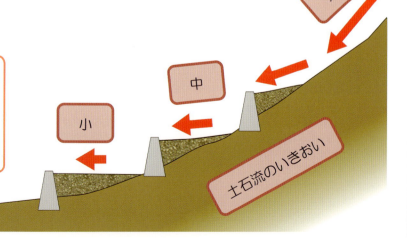

4.
土砂災害を予測し安全に避難するには

4-1. 土砂災害を防ぐためには

土砂災害を防ぐためにはどうすればよいかを考えてみましょう。

災害を防ぐことを「防災」といいます。防災には，「ハード対策」と「ソフト対策」があります。

ハード対策

斜面にコンクリートのかべを作ったり，谷に砂防えん堤をつくるなど，工事を行って斜面が崩れたり土砂が急にながれ下るのを防ぐ。

ソフト対策

土砂災害について調べたり，災害が起こった時にそなえて避難する方法を決めておく。

土砂災害が起こりそうな斜面では，「ハード対策」が進められています。しかし，多くのお金と時間がかかります。また，最近は，これまで考えられなかったような大きな地震や大雨が起きており，「ハード対策」だけでは防ぎきれない場合も多くなってきました。これからは，「ソフト対策」が，ますます大切になってきます。「自分の身は自分で守る」ということを心がけましょう。

土砂災害を防ぐためにわたしたちができること

★どのようなところで土砂災害が起こりやすいかを知っておき，雨が降ったら近づかないようにする。
★避難の方法やルートを，家族みんなで確認しておく。
★防災用品を日ごろから準備しておく。

ここでは，実験の結果を思い出しながら，どんな斜面や谷が危険で，そのような斜面や谷ではどのようにして災害が起こるのか，安全に避難するためにはどうすればよいかについて考えてみましょう。

4-2. 土砂災害が発生しやすいのはどんなところ？

（1）危険な斜面や谷はどうやって見わけるといいの？

　土砂災害がおこりやすい場所が，専門家によって調べられて，土砂災害ハザードマップやかん板などで表示されています。普段からよく見ておきましょう。

ハザードマップとかん板は 17 ページにでてきたよね

下の図の赤い範囲が土砂災害に注意が必要なレッドゾーンです。
黄色のイエローゾーンでも起こる可能性があるので注意が必要です。

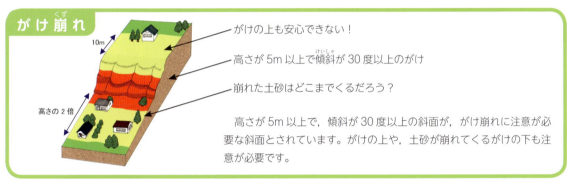

がけ崩れ

- がけの上も安心できない！
- 高さが 5m 以上で傾斜が 30 度以上のがけ
- 崩れた土砂はどこまでくるだろう？

　高さが 5m 以上で，傾斜が 30 度以上の斜面が，がけ崩れに注意が必要な斜面とされています。がけの上や，土砂が崩れてくるがけの下も注意が必要です。

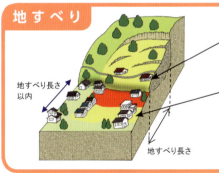

地すべり

- 地すべりでは，じわじわと土砂がおしよせてきます。
- 地すべりでは，崩れた土砂がけっこう遠くまでいく！

　地すべりによる土砂災害は，おなじ斜面でくりかえし起こることが多いので，過去に地すべりが起こった斜面のまわりが危険な範囲です。

土石流

- 谷の入り口にたまっている「土石流堆積物」がめやす。

　土石流も同じ谷でくりかえし起こることが多いので，過去に土石流が起こった谷の入り口やその下流が危険な範囲です。

（2）地形に注意しよう

　土砂災害の起こりやすさは，斜面や谷の形によってちがいます。注意が必要なのはどんな形の斜面や谷かを考えてみましょう。

1）斜面の傾斜に注意

斜面の傾斜は場所によってちがっています。大雨が降ったときに崩れやすいのは，斜面のどのあたりでしょうか？

　斜面の傾きを山の上の方から見てみましょう。場所によって傾斜が変わっていますね。傾斜が「ゆるやか」なところから，「急」なところにかわるところを，「せん急線」といいます。

　斜面は「せん急線」のまわりが崩れやすいといわれています。

　逆に，傾斜が「急」なところから「ゆるやか」になるところを「せん緩線」といいます。「せん緩線」は崩れた土砂が斜面の下にたまっているときにできやすい地形です。

- せん急線の近くは、崩れやすい
- 緩やか
- せん急線
- 急
- せん緩線
- 緩やか
- せん緩線より下には崩れた土砂がたまっていることが多い。

斜面の傾斜が変わっているのは，斜面が崩れたあとだったり，崩れた土砂がたまったあとだったり，何か理由がある場合が多いんだ。
斜面の傾斜はなかなかわかりにくいけど，土砂災害の危険がある斜面を知る手がかりになるので，注意して見てみよう。

2）斜面の形にも注意

土砂災害は雨が大きな原因になります。降った雨が集まってくるところは，土砂災害につながりやすいので要注意です。雨水が集まりやすいのはどんなところでしょうか？

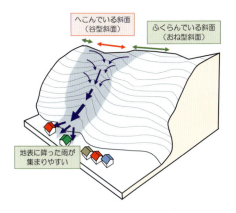

ふくらんだ斜面を「おね型斜面」，へこんでいる斜面を「谷型斜面」といいます。

水は斜面の低い方に流れていきますので，降った雨は「谷型斜面」に集まってきます。

「谷型斜面」は，雨がふったときに，水が集まりやすいので，土砂災害が起こりやすい斜面です。「谷型斜面」の下は注意が必要です。

水がどこに向かって流れていくかをよく考えることが大切だね

実際の土砂災害で見てみましょう！

大雨で崩れた山の斜面を見てみましょう。×のところから下の斜面が崩れています。
・×のところより上の斜面は，まわりよりへこんだ斜面になっていることがわかりますね。
・ふくらんだところも同じように雨が降ったはずなのに崩れていません。
・崩れはじめたところは，斜面の傾斜が変わったところなのもわかります。

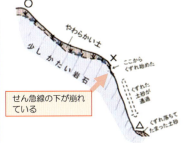

なるほど，斜面の傾斜が変わったところから崩れているね

×から崩れはじめた土は，大量の水といっしょに，ながれ下ります。斜面が長い場合には，途中でさらに土や水をまきこんで土石流となり，谷の出口にあるものを破壊します。

3）土石流堆積物が作る地形

大雨がふると，どの谷でも土石流が起こる可能性があります。しかし，土石流はくりかえして起こることが多いので，過去に土石流が起こった谷は特に注意が必要です。土石流が起こるとどんな地形になるでしょうか？

①⇒②⇒③と，土石流がくりかえして起こると，だんだんとおうぎのような形に地形がひろがっていきます

土石流が起こった谷では，運ばれてきた礫，砂や泥が，谷の入り口から，舌のようなかたちでのびています。これを「土石流堆積物」といいます。

土石流がくりかえし起こると色々な方向に舌がのびて，だんだん「おうぎ」のような形になっていきます。

谷の入り口に「土石流堆積物」がある谷は，過去に土石流が起こった谷なので，大雨のときは特に注意が必要です。

実際の土砂災害で見てみましょう！

平成26年に長野県南木曽町でおおきな土石流災害が発生しました。
・土石流による堆積物が舌のようなかたちでのびています。
・谷の入り口におうぎ型の土石流堆積物がひろがっているのがわかります。過去にも土石流が起こっていたと考えられます。

（3）かたい石の斜面でも雨で崩れるのはなぜ？

　かたい石（岩石といいます）でできた斜面でも，雨によって土砂災害が起こることがあります。なぜでしょうか？地面の中のようす（地質といいます）を考えながら見てみましょう。

1）岩石は「風化」により弱くなる

　岩石は長い時間がたつと，地面に近いところからわれ目にそってかたさや強さが低下していきます。これを「風化」といいます。風化がすすんで，岩石が砂や土のようになっている場合もあります。
　もともとは灰色のかたい岩石が，風化により茶色く色が変わっています。浅いところでは土のようになっています。

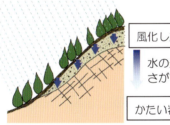 

　風化して砂や土のようになった岩石の下には，まだ風化していないかたい岩石があります。かたい岩石は砂や土に比べて水を通しにくいので，さかい目に水がたまりやすくなります。このため，雨がふると，風化によって土や砂のようになった部分が崩れやすくなります。

かたい石でできた斜面でもゆだんできないんだね

模型実験と比べてみよう！

49

2）われ目や地層の傾斜方向も崩れやすさに関係する

　地層やわれ目の面が、斜面と同じ方向に傾斜している斜面を「流れ盤」斜面といいます。「流れ盤」斜面は、がけ崩れや地すべりが起こりやすい斜面ですので、注意が必要です。

「流れ盤」ってすべり台みたいだね

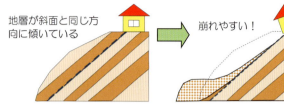

地層が斜面と同じ方向に傾いている → 崩れやすい！

■ー「流れ盤」斜面

地面の下には、ツルツルとした面がある場合もあるんだよ。そんなところが「流れ盤」だと、もっとあぶないよね。

模型実験では紙でツルツルの面を作りましたね。

中越沖地震のときに、「流れ盤」斜面で起こった地すべりです。災害調査の人たちが立っているところにも山があったのですが、ツルツルとした面の上をすべりおちてしまいました。

実際の土砂災害で見てみましょう！

　平成23年に、台風による大雨によって、紀伊半島では、大きながけ崩れが何か所も起こって、大きな災害をもたらしました。この大きながけ崩れは「深層崩壊」とよばれています。
- 深層崩壊は、ほとんどが今から一億年～五千万年前にできた岩石の斜面で起こりました。
- 岩石はかたいのですが、「破砕帯」とよばれる細かく砕かれた層がはさまれたりしています。
- 深層崩壊は地層や破砕帯のかたむきが「流れ盤」になるところで多く起こりました。

崩れた斜面を輪切りにして地面の中を見てみよう

輪切り

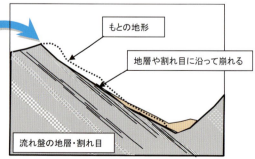

もとの地形／地層や割れ目に沿って崩れる／流れ盤の地層・割れ目

（4）地名や言い伝えを調べてみよう！

　日本には20万とも30万ともいわれる地名があり，川，浜，沼，池，谷など，その土地の地形からつけられたものも数多くあります。その中には，過去に起こったがけ崩れや地すべりによる災害に関係するものもあります。

＊土砂災害に関係のある地名の例

　土砂災害が起こった場所は，ツエ（潰れ）やヌケ（抜け），クエ（崩れ）などと呼ばれてきました。このため，今でも「崩山」「大崩」「津江谷」「抜崩れ」という地名が残っていることがあります。また地すべりはゆっくり動くので，蛇という名前がついていることもあります（「蛇崩」）。土石流が起こった谷でも，洪水や土石流堆積物が流れ出すようすなどから，蛇，竜のつく名前がつけられていることがあります（「蛇抜け沢」「九頭竜」「竜ヶ水」）。

　右の写真は，古くから土石流がくり返し起こってきた谷のようすです。たくさんの砂防えん堤がつくられていますね。「つえ谷」という地名がついています。

■―土石流災害のことかもしれません。

危険な場所に関する「言い伝え」も多く残っています。地名や言い伝えは，先人による防災のためのメッセージであるとも言えますね

トピックス3 ●植物と土砂災害の関係

　斜面には多くの木や草が生えています。これら植物は土砂災害とどんな関係があるでしょうか

　木は大きくなってくると，地面にしっかりと根を張ります。地面の中に広く深く，たくさんの根を伸ばすことにより，土や石を抱え込むことができ，その分だけ山が崩れようとするのを防ぐ力が増えます。地表に近い浅い部分が崩れる「表層崩壊」が起こるのを防ぐ効果が期待できます。

　でも，木の根が成長できる深さは　2mくらいまでなので，それより深いところまでの効果はありません。また木が高くまで成長すると，風により倒れやすくなります。台風のときには，木がたおれて「表層崩壊」を引き起こす原因となることや，倒れた木が土砂と一緒に流れ出して災害を引き起こす場合もあります。

■―地中に広がり土を抱え込んだ樹木の根（写真はスギ）

4-3. 安全な避難のために

（1）ふだんからできること

　安全な避難のためには，ふだんから準備をしておくことが大事です。
以下に，ふだんからできることを説明します。

1）ハザードマップの確認

　まず，ハザードマップをよく見て次を確認して下さい。ハザードマップの説明は17ページを見て下さい。
　ハザードマップが家にない人は，みなさんがお住まいの自治体に確認して下さい。
　　a）自分が住んでいる場所は，何が危険なのか？（がけ崩れ・地すべり・土石流）
　　b）避難場所がどこなのか？（広域避難場所・一時避難所）

2）家の周りの地形やがけを見ておこう

　上の写真のようにハザードマップでは危険区域になっていなくても，地震や大雨の時に崩れることがあります。
　56ページの【チェックリスト】を参考にして，家や学校，通学路や遊び場の周りに，土砂災害の危険性がないのかを，日ごろから確認しておきましょう。もし危険を感じたら，周りの人に伝えましょう。

3）避難場所へ避難する道を決めよう

　ハザードマップでは，市町村が指定して避難場所が示してあります。
　近くて安全な場所があれば，地域の人と話し合って，一時的な避難場所として利用するのもいいでしょう。
　そして，避難場所に避難するときに通る道を決めます。通る道を決めるときは，下に書いてあるようなことを確かめましょう。

> ✓ 　大雨であふれそうな川は，ないかな？
>
> ✓ 　ふたのない水路は，ないかな？
>
> ✓ 　崩れそうながけは，ないかな？

4）避難場所へ避難する道を確認しよう

　避難する道は，実際にみんなで歩いてみて確認する必要があります。

　歩いてみて危険があれば，避難する道を変えることも大事です。

　また，避難がおそくなれば，川があふれて通れないこともありますので，避難がおそくなったときのことも話し合いましょう。

5）防災用品を用意しておきましょう

　ふだんから，家には防災用品を用意しておきましょう。

- ✓ 携帯ラジオ，懐中電灯，くすり　など
- ✓ 食べ物や飲み水
- ✓ カセットコンロや簡易トイレ
- ✓ 日ごろ使うものや着がえ
- ✓ メガネやくつを寝る部屋においておく

（2）大雨が近づいたときに行うこと

　台風や大雨が来そうなときに行うことを説明します。

1）台風情報や大雨情報に注意しましょう

　テレビやインターネットから，さまざまな情報を得ることができます。

　ふだんから，どのように情報を得るのかを考えておきましょう。

　例えば，警報・注意報には次のようなものがあります。
　　大雨・洪水・暴風・波浪・高潮・濃霧・乾燥

　その他の災害情報としては，次のようなものがあります。
　　記録的短時間大雨情報・土砂災害警戒情報・
　　竜巻注意情報・台風情報
　　異常天候早期警戒情報・地震情報・緊急地震速報

　土砂災害警戒情報は，地域ごとに発表されます。

　たとえば『○○県◇◇市△△区に土砂災害警戒情報が発表されています』といった具合です。

　しかし土砂災害はせまい範囲で起こるので，その地域のすべてが被害にあうというわけではありません。

　さらに，警戒情報はおくれて発表されてしまうことがあります。

　そのことを頭に入れて，逃げるタイミングを考えましょう。

2）防災用品を持ち出せるようにしましょう

　準備しておいた防災用品は，大雨が近づいたら，玄関に出しておきましょう。

　そのときに，中身をもう一度，確認しておきましょう。

3）みんなで一緒に早めに避難しよう

　大雨の情報などから，避難するタイミングを決めます。
　避難する決断が早ければ早いほど，時間に余裕をもって避難できるのです。決断がおそいと家を出る準備が，間に合わなくなることもあります。
　「これくらいで避難までする必要はない」と考えることは，とても危険です。
　たとえば，早いうちに避難して，なにごともなく帰ってきてもいいのです。災害をさけ，避難する決断をするときには，おくびょうなくらいの方がいいでしょう。

　じっさいに避難することになったら，近くの家の人にも声をかけ一緒に避難しましょう。とくに，おとしよりがいる家は，避難場所まで行くことがたいへんなので，近くの人が助けてあげるとよいでしょう。

　避難するときには，一般的には，車で行くことはやめた方がよいです。
　みなさんの家から，避難先までは遠いかもしれません。しかし，みんなが車で避難したら，大じゅうたいになってしまいます。
　さらに，車で避難すると，次のような危険もあります。

■―洪水で車ごと流される危険

■―避難している人とぶつかる危険

その他にもいろいろな危険があります。
- 車ごと土砂に埋まる
- 車の中からは地面や斜面の様子がよく見えないので，土砂災害の前兆がわからないことがある。

避難先で使うもの（食料や毎日飲んでいる薬）を持って…
電気やガスを止めたり，「○○へ避難しました」というはり紙をしたり，家をるすにする準備もしなきゃ

4）特に注意が必要な場所を知ろう

　マンションやビルの地下室，地下鉄の駅にいるときは特別な注意が必要です。なぜなら，建物の中にいると外の様子がよくわからないからです。どんなに大雨が降っても，洪水が起きていても，地下にいるとわかりません。他にも，アンダーパスの道路や，低い土地などは注意が必要です。

　台風が接近しているとき，外で大雨が降っているときなどはふだん以上に危険の情報を集め，危険だと思ったら早めに安全な場所へ避難しましょう。家族と一緒にいるときには，家族で避難しましょう。一人でいるときや，友達といるときに避難することになったら，ここで学んだことを思い出して行動しましょう。

5）避難がおそくなった場合の対応方法

　避難がおそくなった場合は，避難所に向かうことが危険になることがあります。
　そのような時には，家や学校など自分がいる建物の中で避難しましょう。これを屋内避難といいます。家にいるときばかりではなく，でかけた先でもこの避難方法をつかうことができます。
　建物の中での避難には，同じ階での避難と，上の階への避難があります。

　がけ崩れの場合は，21ページで実験したように，山側の1階の部屋が，一番危険になります。1階の中で逃げる場合は，山側から離れた部屋へ逃げましょう。2階がある場合は，2階へ逃げましょう。

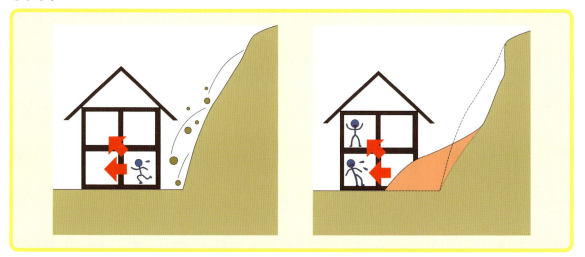

【チェックリスト】

　ふだんから，家の周りの地形やがけを見ておくことが大事です。次の表は，チェックリストになっていますので，ふだんからチェックをしておいて下さい。

　また，土砂災害が起きる直前の現象（前兆現象）も入っていますので，このような状態になったらすぐに逃げることが大事です。

土石流

☐ 谷が急で，木や土砂がたまっている	☐ 谷の出口に大きな岩がころがっている	☐ 雨が降ると，いつも川の水がにごる
☐ 山の上のほうに崩れた場所が目立つ	☐ 昔，土石流がおきた記録や言い伝えがある	☐ 谷に砂防えん堤がない。

 変化に気づいた後や，避難の指示が出た後は，絶対に川やがけを見にいってはいけません。

ここで学んだことは，家族の人にも教えてあげましょう。
そして，みんなでいざというときの行動を考えてみてください。

わかりました。
どうやって逃げるのかを，家族や地域で話し合いをします。

トピックス4 ● 避難するときに気をつけましょう

この写真は2009年に兵庫県佐用町でおきた大雨で避難中の人が亡くなった農業用の川です。避難をしたのは夜8時ごろで，外はすでにまっくらでした。写真のように，いつもは少ししか水が流れていない用水路です。ところが，その日は大雨のためにたくさんの水が流れていました。ここから避難所まではわずか80メートルしかありません。それでも避難所にたどりつく前に，6人かそれ以上の人が流されて亡くなりました。避難するときには車をつかわず歩いて，自分の足もとや周りのがけなどをよく見ながら歩くことが大切です。

トピックス5 ● うら山のわき水の変化に気をつけましょう

わき水が増えた

わき水が止まった

わき水がにごった

家のうら山から，わき水が出ているところはありませんか？
31ページでは地盤の中にたまる水を抜く，排水ボーリングの説明をしました。
わき水や井戸水は，地盤の中に自然にできた水の通る道です。

- わき水が増えたとき（左のイラスト）
  地盤の中にたまる水が増えると，わき水の量が増えます。
  29ページでは，地盤の中に水がたくさんたまると崩れましたね。
  ですからわき水が増えると危険なのです。
- わき水が止まったとき（中央のイラスト）
  地盤の中の水が通る道がふさがれると，わき水が止まります。
  このときは地盤の中にどんどん水がたまるのでとても危険です。
- わき水がにごったとき（右のイラスト）
  地盤の中の水が通る道がこわれると，わき水がにごります。
  水の通る道が細くなるので，危険になります。

5.
もっと詳しく知りたい人のために

5-1. 土砂災害ってどれくらい発生しているの？

土砂災害は，全国で年間約1,000件発生しています。また，土砂災害危険箇所は，全国で約52万箇所（がけ崩れ33万箇所＋地すべり1万箇所＋土石流18万渓流）あるといわれています。

（1）近年の土砂災害件数

土砂災害は，下図のように毎年発生しており，全国で年間約1000件発生しています。また，毎年のように死者や負傷者が発生しており，人家への被害は年間約400戸発生しています。

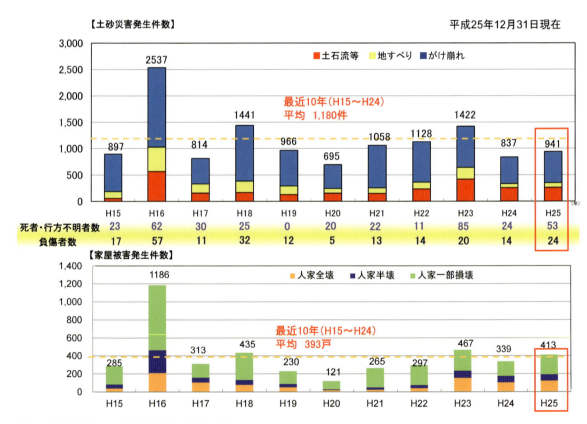

■―土砂災害と家屋被害の発生件数

（2）都道府県別土砂災害危険箇所

全国で52万箇所ある土砂災害危険個所のうち，がけ崩れ，地すべり，土石流の危険か所を都道府県別に整理すると，次のページのようになります。

■一都道府県別がけ崩れ危険箇所数（平成14年度時点）

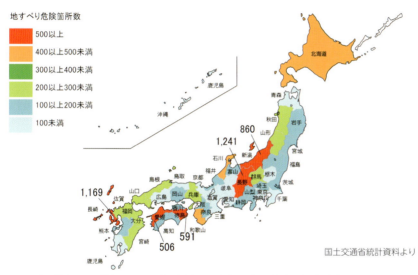

■一都道府県別地すべり危険箇所数（平成10年度時点）

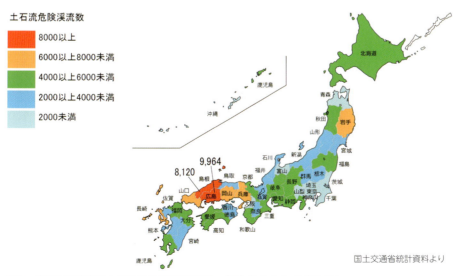

■一都道府県別土石流危険渓流数（平成14年度時点）

5-2. さまざまな土砂災害

これまでがけ崩れ、地すべり、土石流の3つを紹介しましたが、その他にもいろいろな土砂災害があります。

谷埋め盛土地すべり

宅地用に谷を埋めた土地（谷埋め盛土）が、主として地震時に埋める前の谷底付近をすべり面として斜面下方へ移動する現象です。宅地の谷埋め盛土は全国に無数にあると考えられます。なお、宅地だけではなく、道路や鉄道などにも谷埋め盛土はあります。

■―谷埋め盛土地すべりの写真

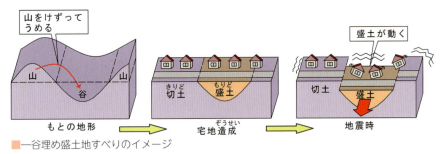

■―谷埋め盛土地すべりのイメージ

液状化

地下水位の高い砂地盤が地震の揺れにより液体状になる現象です。海岸や河口付近、埋立地、河川の扇状地などで多くみられます。液状化が発生する震度は5以上といわれています。また、揺れている時間が長くなると被害が大きくなる傾向にあります。2011年の東日本大震災は、平地だけでなく、河川堤防にも多数の液状化被害が発生しました。

■―宅地の液状化被害
■―液状化で浮き上がったマンホール
■―液状化現象
■―河川堤防の液状化被害
■―河川堤防の液状化と浸水イメージ

岩盤崩壊

　急な岩石の斜面が，雨や地震などで急に崩れ落ちる現象です。危険箇所は全国に多数あり，岩がある山地の家屋や道路，鉄道沿いなどは注意が必要です。岩盤崩壊は，前兆現象が少なく，岩のわれ目などが複雑なこともあり，崩れる場所や時期の予測が難しい場合があります。

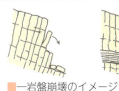

■―岩盤崩壊のイメージ　　　　　　　　　　　　　　　■―道路沿いの岩盤崩壊

深層崩壊

　浅い表土だけでなく深い岩盤までもが一気に崩れる大きな崩壊現象をいいます。大規模なため，崩れた土砂が川をせき止めてしまうこともあります。長時間の降雨や大きな地震などにより発生します。

■―崩れた土砂が川をせき止めた例　　■―表層崩壊と深層崩壊

火砕流と火山泥流

　火山は時としてさまざまな災害を引き起こしますが，その中でも特におそろしいのは火砕流です。火砕流は，ふん火の時に，火口付近の固まった溶岩が，高温の火山（有毒）ガスといっしょになって地表を流れ下る現象です。大規模な場合は地形の凹凸にかかわらず広い範囲に広がり，通り道にある建物を焼失させたり，埋めてしまいます。流下速度は時速100kmをこえることもあり，温度は数百℃にも達します。火砕流から身を守ることは不可能で，ふん火警報等を活用した事前の避難が必要です。

　また，火山灰が降り積もっている地域では，ごう雨やふん火による雪解け水などがあれば火山泥流が発生するおそれがあります。火山泥流は，土石流のような流れとなって高速で斜面を流下します。現在も火山灰が降り積もり続けている地域もあるので，ごう雨時等は注意が必要です。

■―火砕流がおそってくる様子　　■―災害のイメージ

5-3. 過去に発生した大きな規模の災害事例

自然・四季の豊かな日本では，雨が豊富で緑に恵まれると共に，台風や火山，地震が多く，それに伴う土砂災害が多いのも特ちょうです。

日本には，古くから災害の記録が残されていますが，ここで紹介する事例を年代順に並べると下表になります。

過去に起きた土砂災害について，写真などを通して振り返ってみましょう。

紹介事例

元号時代	西暦	災害	発生した土砂災害の種類	特ちょう
平成	2014	平成26年8月豪雨（広島）	土石流	人家密集地で起こった土石流
	2011	平成23年台風12号（紀伊半島）	深層崩壊	明治にも大規模土砂災害発生
	2011	東日本大震災※1	谷埋め盛土地すべり	日本の観測史上最大規模の地震
	2004	新潟県中越地震※1	地すべり	地すべり地帯で発生した地震
	1996	豊浜トンネル岩盤崩壊	岩盤崩壊	トンネルでの岩盤崩壊
	1990	雲仙普賢岳ふん火	火砕流	火砕流が多く発生
昭和	1959	伊勢湾台風	山くずれ※2	昭和3大台風の一つ
大正	1923	関東大震災	山くずれ	日本災害史上最大級の被害
明治	1891	濃尾地震	山くずれ	内陸で発生した日本最大の地震
江戸	1792	島原大変肥後迷惑	山くずれ	日本最大の火山災害

※1 地震名は気象庁が，震災名は政府が命名しています。
※2 山くずれは，崖くずれの規模の大きなものを言います。

今回紹介した事例やその他の災害についてくわしく知りたい人は，図書館やインターネット（例えば，内閣府防災情報のページ）で調べてみてください。

また，自分の住んでいる地域で起こった災害を探したい人は，お父さんお母さん，おじいさんおばあさんに聞いてみるのもいいですね。

平成26年8月豪雨
2014年（平成26年8月）

災害データ（広島県のみ）
死者：74人　負傷者（重軽傷）：44人
住宅被害（全半壊）：361棟
床上床下浸水：4,265棟

解説　この豪雨により，広島市においては166箇所以上で土砂災害が発生し，住宅被害，停電，断水，鉄道の運休等の交通障害が発生しました。上の写真は，最も被害の大きかった広島市安佐南区八木地区の写真です。

ワンポイント！
　左の写真は，平成11年に広島で発生した土石流で，31名の方が亡くなられています。
　この災害がきっかけとなり「土砂災害防止法」が制定されました。

平成23年台風12号
（紀伊半島）
2011年（平成23年8月）

災害データ
死者行方不明者：98人（全国）

 解説　紀伊半島を中心に多くの場所で土砂・河川災害が発生しました。被害は全壊 379 棟，半壊 3,159 棟，一部破損 470 棟，床上浸水 5,500 棟，床下浸水 16,594 棟にのぼりました，本台風災害は近年では最大級の被害となり，「深層崩壊（写真上）」や「土砂ダム※」が社会の高い関心を集めました。

ワンポイント！

　この地域は，明治 22 年にも同様の災害がありました。この災害では 1,080 箇所の大規模崩壊が発生し，37 箇所において土砂ダムが形成されました。村民 12,862 人のうち死者 168 人，全壊・流出家屋 426 戸の被害が生じました。農地の被害も大きく，生活の基盤を失った人は約 3,000 人にのぼりました。被災者 2,691 人が北海道に移住し，新十津川村が結成されています。
　（写真は左から右に向かって，十津川村の土砂ダム※，被災者の診療風景，現在の新十津川町）

※土砂ダムとは？
地すべりや山くずれによる土砂が河川に入り，河がせき止められることによりその上流に水が貯まることです。他の呼び方として，河道閉塞，天然ダム，堰止湖があります。

東日本大震災
2011年（平成23年3月）

災害データ
規模：マグニチュード9.0　最大震度7
被害：死者19,225人・行方不明者2,614人

解説
この地震は、国内観測史上最大規模の地震となりました。東日本を中心に北海道から九州地方にかけての広い範囲でゆれを観測しています。また、この地震に伴い、福島県相馬で高さ9.3m以上、岩手県宮古で高さ8.5m以上の非常に高い津波を観測しました。
上の写真は谷埋め盛土※で発生した地すべりです。下の写真は、津波被害の写真ですが、津波による建物の損壊が激しく、被害の壮絶さがうかがえます。

ワンポイント！
物理学者で随筆家である寺田寅彦は、昭和8年（1933年）に発生した昭和三陸地震津波の後に書いた「津浪と人間」で、こういう災害を防ぐ唯一の方法は「人間がもう少し過去の記録を忘れないように努力するより外はないであろう」と述べています。

※谷埋め盛土については62ページに詳しく紹介しています。

新潟県中越地震
2004年（平成16年10月）

災害データ
死者行方不明者：68人　負傷者：4,805人
マグニチュード：6.8

解説　特ちょう的なことは，わが国有数の地すべり地帯で発生した地震であったため，多くの土砂災害が発生したことです。土石流21件，地すべり131件，崩壊115件におよびました。
中でも旧山古志村（長岡市）一帯は錦鯉の里としてとして知られ棚田の美しい里山でしたが，斜面の崩壊や地すべり（上写真）が多発し，集落が孤立するなどの大きな被害を受けました。

豊浜トンネル岩盤崩壊
1996年（平成8年2月）

災害データ
崩壊規模：10,000㎥，27,000 t
被害　死者20人

解説　北海道における国道229号の豊浜トンネル坑口付近で発生した岩盤崩壊は，犠牲者20名を出す大きな災害となりました。日ごろ何気なく通行しているトンネルにこのような大きな危険があるということは，社会の強い関心を集めました。

雲仙普賢岳ふん火
1990〜1995年（平成2〜7年）

災害データ
よう岩総ふん出量：2億㎥
被害：死者43人

解説 雲仙普賢岳は，1989年11月より断続的に地震が発生し，次の年の11月にふん火を開始しました。ふん火は198年ぶりのことでした。1991年の火砕流発生後，1995年に噴火活動がほぼ停止するまでの4年3ヶ月間で，火砕流※は約6,000回発生しました。1991年6月に発生した火砕流により43名の方が亡くなっています。

島原大変肥後迷惑
1792年（江戸時代 寛政4年）

災害データ
死者行方不明者：約15,000人
崩壊土砂量：3.4億㎥

解説 雲仙普賢岳では，約200年前にも大きな災害が発生しています。この時は，1792年2月に普賢岳がふん火し，5月の地震発生後に巨大な山崩れが発生しています。崩れた土砂は海に突入して，最大23mの津波が発生しました。この災害による死者は，津波や山崩れによるものを含めると約1万5千人という，大きぼな火山災害となりました。

■一大変後島原絵図

※火砕流については63ページに詳しく紹介しています。

伊勢湾台風
1959年（昭和34年9月）

災害データ
死者行方不明者：5,098人
高潮：3.55m

 解説
伊勢湾台風は，その被害の大きさから，室戸台風，枕崎台風と共に「昭和3大台風」と呼ばれています。
この台風の影響により，伊勢湾では，観測史上1位の3.55m（名古屋港）の高潮※をもたらしました。
低地部での浸水被害（写真下）が特ちょう的な災害ですが，山間部では山くずれ（上写真）が多発しました。

ワンポイント！
　伊勢湾では，過去の災害を踏まえて防波堤の整備がされていた区域もありましたが，3mを超える「高潮」と高波により防波堤が壊れて，300人近くの方が亡くなっています。
　危険は常に変化します。「〜だから，自分はたぶん大丈夫」ではなく，より安全な場所に避難をすることが，私たちの身を守る上で最も大切なことです。

※高潮とは？
気圧が低下することにより，海水面が上昇する現象。台風や，冬季に発達する低気圧により発生する。

関東大震災
1923年（大正12年9月）

災害データ
死者行方不明者：105,385人
マグニチュード：7.9

 解説
近代化した首都圏を襲った唯一の巨大地震であり，電気，水道，道路，鉄道等のライフラインにも大きな被害が発生する国内で最大級の人的被害となりました。関東南部においては，地震やその直後の大雨により，山崩れや地すべり，土石流などによる土砂災害（上写真）が多数発生しました。

ワンポイント！
相模湾周辺と房総半島の南端では最大高さ12m（熱海），9m（館山）の津波（写真下）が発生しましたが，各地で元禄地震や安政元（1854）年の東海地震の津波による災害経験が生かされ，地震直後の適切な避難により被害が少なかった地域もありました。

濃尾地震
1891年（明治24年10月）

災害データ
死者行方不明者：7,273人
マグニチュード：8.0

解説
日本の内陸で発生した最大級の地震であり，地震による揺れは北海道や南西諸島を除く全国で感じられるほどでした。岐阜県美濃地方においては地面に大きなずれ（断層）が現れました（左下写真）。そのずれによってできた崖の高さは6mにも達しました。

ワンポイント！
岐阜県本巣市根尾（旧根尾村）にある地震断層観察館・地震体験館では，地震断層の様子（右下写真）や濃尾地震が及んだはん囲などを紹介しています。地震体験館では震度4〜5のゆれを体験できます。

5-4. すべりやすい粘土の見つけ方

3-2（1）で地すべりの模型実験をしました。そのときに，地すべりの場合は，地盤の中にツルツルの紙を入れました。実際には，すべりやすい粘土が地盤の中にあるのです。これをすべり面とよびます。

それをどのように見つけるのかを，ここでは説明します。

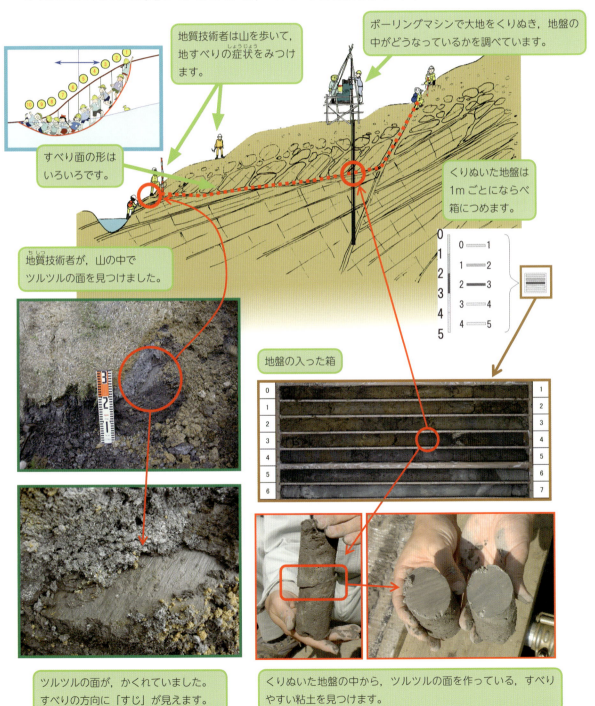

5-5. 地面の中の水の動き

29ページの模型実験で、雨と地すべりの関係を調べました。ここでは、地面の中の水の動きについて、もう少し詳しく見てみましょう。

地面の中にしみ込んだ水はどのように動いていくのでしょうか？

山の中では、普段からわき水が出ているところがあります。地面の中にしみ込んだ雨水は地下水となり、このようにわき水として地面に出てきます。ところが、たくさんの雨が降ると、出てくる水が急にふえたり、いつもは出ていないところから突然水が出てくることがあります。地面の中の水が、普段よりもかなり多くなっているためです。

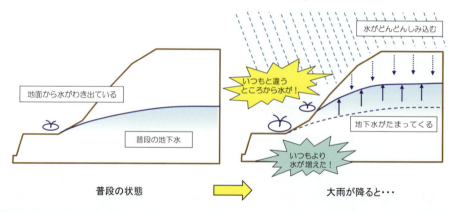

地面の中に水がたまり出すと、がけ崩れや地すべりが起こりやすくなることは、29ページで実験しましたね。

地面の中の水が増えて多くの水が地表へ出てくると、地面の中の土も水と一緒に流れ出し、水が急に濁ってきます。これは、斜面が動き出す前ぶれで、非常に危険な状態です。斜面には絶対に近づかないようにしましょう。

それでは次に、かんたんな実験で、斜面に水がしみこんでいく様子と、崩れ方を見てみましょう。

雨が降った時の地面の中の水の動きを，かんたんな実験で見てみよう！

　木とアクリル板（白と透明）でかんたんな装置を作りました。アクリル板には，斜面の形の変化をわかりやすくするため格子線を書いています。装置に砂を入れ，ヘラで斜面の形を作ってできあがりです。同じ条件で何回も実験ができるように，砂の量（重さ）と斜面の形を決めておきます。雨の代わりにホースシャワーで上から水をまきます。初めにカップとストップウオッチを使って水の量をはかり，シャワーの強さを決めておきます。

　実験開始です。時間とともに地面の中に水がしみこんでいくのがわかります。2分後には，斜面の上がへこみ，下の方がふくらんできました。一番下から水も出てき始めます。そうしたらすぐにくずれてしまいました。

スタート　　　　　　　　　30秒後　　　　　　　　　1分後

2分後30秒後　　　　　　　2分後　　　　　　　　1分30秒後

　図に崩れ方を整理してみました。実験の結果から，大雨が降った時に，斜面がどんな状態になった時があぶないか，斜面の形の変化と地面の中の水の動きとあわせて考えてみましょう。

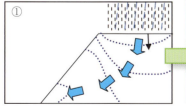 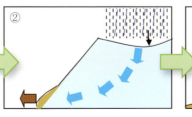 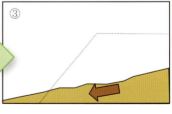

① 水が表面から，一番下までしみこむ。斜面の上が少しへこんだ。

② 全体に水がしみこむと，斜面の一番下から水が出てくる。水といっしょに砂も少し出てくる。

③ 水といっしょに斜面がくずれる。

6. あとがき

大切な命を守るために

　日本は土砂災害が発生しやすいところにあることを，2章で勉強しました。土砂災害は家をこわしたり，人をきずつけたりして恐ろしいのですが，わたしたちの生活に深く関係しています。

　みなさんが住んでいる土地は，地すべりや土石流でゆるやかになった場所であったり，がけ崩れなどで発生した土砂が，川で運ばれてできた場所だったりします。このような場所は，人が住むのにも良いですが，畑や田んぼにも良い土地になります。また，土砂災害から身を守るために，地域の和が生まれました。このように，私たちは，土砂災害と関係の深い場所で生活していることをわすれないでほしいのです。

　3章では，模型実験により「土砂災害がなぜおきるのか？」を学びました。
　日本には土砂災害が多いので，「土砂災害がなぜおきるのか？」を研究している人も多くいます。
　研究の成果は，「道路や宅地のために山を切るときの安全性の判断」や，「土砂災害が発生しそうな場所を，精度よく予測すること」などに利用されています。

　4章では，土砂災害を予測して，安全に避難する方法を学びました。
　土砂災害を予測するには，
　3章で勉強した「土砂災害がなぜおきるのか？」
　4章で勉強した「土砂災害が発生しやすいのはどんなところ？」の知識が必要になります。
　土砂災害から安全に逃げるためには，
　4章で学んだ，「安全な避難のために」を参考にして，実際に行動することが大事になります。
　安全に逃げることはかんたんなようですが，ふだんから練習をしておかなければ，実際に行動することはなかなかできません。
　この本を読んだみなさんが，家族や地域の人に声をかけて，「逃げるための決まり」をつくったり，「逃げる練習」をして欲しいのです。

　この本が，土砂災害について考えるきっかけになればうれしいです。そして，毎年発生しているがけ崩れや土石流による被害が少なくなるように，みなさんが行動してくれることを願っています。

出典一覧表

ページ・位置	形式	引用図書名・引用論文名	著者名
P.4　上	図	「コンピューターグラフィックス日本列島の地質」	(産業技術総合研究所)
P.4　下	図	「河川事業概要2007」	(国土交通省)
P.5　上から2段目　左写真	写真	「「平成26年8月豪雨」8月19日からの大雨等による広島土砂災害状況（2014年8月）」	(アジア航測株式会社)
P.5　上から2段目　右図	図	「電子地形図」	(国土地理院)
P.6　上の図2枚	図	「日本列島と欧米の地質」	(全国地質調査業協会連合会)
P.7　上	図	「MICOS Fit」	(日本気象協会)
P.7　下	図	「平成26年版防災白書」	(内閣府)
P.7　右下	図	「平成26年版防災白書」	(内閣府)
P.9　中央右	写真	「平成16年風水害の特徴と今後の課題」	(国土技術政策総合研究所)
P.11　上	写真	「地附山地すべり」	(アジア航測株式会社)
P.11　中央	図	「西遊記「孫悟空対妖怪雨ふらし」地すべりを防ぐ」	(土砂災害防止広報センター)
P.13　左上	写真	「川岸東2丁目土石流」	(アジア航測株式会社)
P.13　中央左	写真	「鹿児島県桜島・野尻川に発生した土石流（昭和60年7月2〜3日）」	(国土交通省)
P.16　中央左	写真	「斜め写真　2009年7月22日撮影(山口県山口市・防府市)」	(アジア航測株式会社)
P.17　左下	図	「土砂災害ハザードマップ（佐世保市黒髪町北部周辺)」	(佐世保市)
P.29　上	写真	島根県砂防史(平成12年12月)	(島根県)
P.48　下	写真	「平成26年台風第8号の被害状況（2014年7月）」	(アジア航測株式会社)
P.55　上	図	「「浸水時の地下室の危険性について」パンフレット」	(日本建築防災協会)

ページ・位置	形式	引用図書名・引用論文名	著者名
P.58　右上	写真		(金井昌信(群馬大学))
P.60　中央	図	「近年の土砂災害発生件数(平成25年12月31日現在)」	(国土交通省)
P.62　上から1段目右	写真	「白石市寿山造成地の崩壊(1978年6月15日撮影)」	(河北新報社)
P.62　上から4段目左	写真	研究紹介「液状化による河川堤防の被害(阿武隈川)」	(土木研究所)
P.63　上から2段目左	写真	「奈良県　十津川村栗平地区地すべり」	(アジア航測株式会社)
P.63　上から2段目右	図	研究紹介「図1　深層崩壊と表層崩壊」	(土木研究所)
P.63　上から3段目左	写真		(島原市)
P.63　上から3段目右	図	「火山災害への備え」	(鹿児島県)
P.65　上	写真	「「平成26年8月豪雨」8月19日からの大雨等による広島土砂災害状況(2014年8月)」	(アジア航測株式会社)
P.65　下	写真	「「平成11年6月広島豪雨」広島市・呉市土石流災害(1999年6月)」	(アジア航測株式会社)
P.66　下3枚	写真	「開拓史　前・後編より」	(新十津川町)
P.67　下	写真	「「平成23年(2011年)東北地方太平洋沖地震」災害状況(2011年3月11日)」	(アジア航測株式会社)
P.68　下2枚	写真	「北海道古平町国道229号岩盤崩落調査委員会報告書97/09/10」	(地盤工学会)
P.69　上	写真	「「災害教訓の継承に関する専門調査会」編　火山編」	(内閣府)
P.69　下	絵画		(常盤歴史資料館)
P.70　上4枚	写真	「「第6回紀の川流域委員会」資料-3スライド集　伊勢湾台風(S34.9)における土砂災害等について」	(国土交通省)

ページ・位置	形式	引用図書名・引用論文名	著者名
P.70 下	写真	「「災害教訓の継承に関する専門調査会」編 風水害・火災編」	（内閣府）
P.71 上（左，右下）	写真	「国立科学博物館」	
P.71 下2枚	写真	「国立科学博物館」	
P.72 左上	写真	「国立科学博物館」	
P.72 右上	写真	「国立科学博物館」	
P.72 左下	写真	「国立科学博物館」	
P.72 右下	写真	「観る・遊ぶ 地震断層観察館」	（本巣市観光協会）
P.73 全て	写真		柴崎達也(国土防災技術株式会社)

この本の作成にたずさわった人たち

「実験で学ぶ土砂災害」編集委員会

	氏　名	所　属	備　考
委員長	鈴　木　素　之	山口大学	第4・5期所属
主　査	藤　井　俊　逸	株式会社藤井基礎設計事務所	第4・5期所属
委　員	野　田　　龍	九州大学	第4・5期所属
	中　村　洋　介	福島大学	第4・5期所属
	美　馬　健　二	有限会社太田ジオリサーチ	第4・5期所属
	上　野　将　司	応用地質株式会社	第4・5期所属
	宇次原　雅　之	日特建設株式会社	第4・5期所属
	瀬　戸　真　之	福島大学	第4・5期所属
	原　　　重　守	株式会社古川コンサルタント	第4・5期所属
	吉　田　洋　子	吉田洋子まちづくり計画室	第4・5期所属

斜面工学研究小委員会（第4・5期）　執筆者一覧

	氏　名	所　属	備　考
執筆者 (50音順)	荒　木　功　平	山梨大学	第5期のみ所属
	池　田　武　穂	日鐵住金建材株式会社	第5期のみ所属
	伊　藤　和　也	東京都市大学	第4・5期所属
	稲　垣　秀　輝	株式会社環境地質	第4・5期所属
	梅　村　　順	日本大学	第4期のみ所属
	太　田　英　将	有限会社太田ジオリサーチ	第4・5期所属
	大　野　博　之	株式会社環境地質	第4・5期所属
	小　川　紀一朗	アジア航測株式会社	第4期のみ所属
	風　見　健太郎	株式会社 エイト日本技術開発	第5期のみ所属
	片　山　直　樹	株式会社日本海技術コンサルタンツ	第5期のみ所属
	北　野　仁　郎	株式会社建設技術研究所	第4・5期所属
	小　嶋　茂　人	株式会社ファーストフロア	第4期のみ所属
	後　藤　　聡	山梨大学	第4・5期所属
	坂　田　正　宏	福井県	第4期のみ所属
	櫻　井　正　明	株式会社山地防災研究所	第4・5期所属
	竹　内　裕希子	熊本大学	第5期のみ所属
	橘　　　隆　一	東京農業大学	第4期のみ所属
	田　村　俊　和	東北大学名誉教授	第4・5期所属
	坪　郷　浩　一	放送大学	第4期のみ所属
	中　濃　耕　司	東亜コンサルタント株式会社	第4・5期所属
	中　野　裕　司	エコサイクル総合研究所／中野緑化工技術研究所	第4・5期所属
	西　川　直　志	株式会社イシンコンサルタント	第4・5期所属
	ハス　バートル	アジア航測株式会社	第5期のみ所属
	平　田　　文	日特建設株式会社	第4・5期所属
	藤　原　　優	株式会社高速道路総合技術研究所	第4期のみ所属
	向　谷　光　彦	香川高等専門学校	第4・5期所属
	茂　木　　俊	株式会社日さく	第4・5期所属
	簗　瀬　知　史	株式会社高速道路総合技術研究所	第4・5期所属
	吉　川　修　一	八千代エンジニヤリング株式会社	第5期のみ所属

―――― 書籍中の表記 ――――
本書の内容を複写または転載する場合の注意事項
1）出典一覧表に掲載されているもの
　　引用先・著者に転載許可をいただいて下さい。
2）出典一覧表に未掲載のもの
　　文章・図・写真：土木学会（03-3355-3441）にお問い合わせ下さい。
　　イラスト：日本ネットCPD協会（03-5357-1406）にお問い合わせ下さい。
3）本書の内容に関するご質問は，E-mail（pub@jsce.or.jp）にてご連絡ください。

定価（本体 1,700 円＋税）

実験で学ぶ　土砂災害

平成 27 年 8 月 31 日　第 1 版・第 1 刷発行

編集者……公益社団法人　土木学会　地盤工学委員会
　　　　　　斜面工学研究小委員会
　　　　　　委員長　鈴木　素之
発行者……公益社団法人　土木学会　専務理事　塚田　幸広
発行所……公益社団法人　土木学会
　　　　　　〒160-0004　東京都新宿区四谷1丁目（外濠公園内）
　　　　　　TEL 03-3355-3444　FAX 03-5379-2769
　　　　　　http://www.jsce.or.jp/
発売所……丸善出版株式会社
　　　　　　〒101-0051　東京都千代田区神田神保町2-17　神田神保町ビル
　　　　　　TEL 03-3512-3256　FAX 03-3512-3270

©JSCE2015／Committee on Geotechnical Engineering
ISBN978-4-8106-0857-1
印刷・製本・用紙：勝美印刷（株）